用心去工作

刘力 ◎ 编著

中华工商联合出版社

图书在版编目（CIP）数据

用心去工作 / 刘力编著. -- 北京：中华工商联合
出版社, 2017.10（2024.2重印）
ISBN 978-7-5158-2129-0

Ⅰ.①用… Ⅱ.①刘… Ⅲ.①职业道德－通俗读物
Ⅳ.①B822.9-49

中国版本图书馆CIP数据核字(2017)第259730号

用心去工作

作　　者：刘 力
责任编辑：付德华 关山美
封面设计：北京聚佰艺文化传播有限公司
责任审读：于建廷
责任印制：迈致红
出版发行：中华工商联合出版社有限责任公司
印　　制：三河市同力彩印有限公司
版　　次：2018年4月第1版
印　　次：2024年2月第2次印刷
开　　本：710mm×1020mm 1/16
字　　数：200千字
印　　张：13.5
书　　号：ISBN 978-7-5158-2129-0
定　　价：69.00元

服务热线：010—58301130
销售热线：010—58301130
地址邮编：北京市西城区西环广场A座
　　　　　19—20层，100044
http：//www.chgslcbs.cn
E-mail：cicap1202@sina.com(营销中心)
E-mail：gslzbs@sina.com(总编室)

工商联版图书
版权所有 侵权必究

凡本社图书出现印装质量
问题，请与印务部联系
联系电话:010-58302915

目 录
CONTENTS

第一章 爱上你的工作

只有爱上自己工作的员工才能全力以赴地对待自己的工作，那样他才能成为一个真正优秀的员工。优秀的员工有个共同的特点，那就是他们都对自己的工作充满了激情，他们能全身心地投入到自己的工作中去，并且通过工作成就自己的理想和抱负。

你是在为自己工作

人生活在世界上，当然离不开钱。我们人人都需要工作，但工作不能只为了薪水，这就像人活着不能只为了钱一样。

"无论在什么地方工作，你都不应把自己只当作公司的一名员工——而应该把自己当成公司的老板。"在我们身边，不少员工是抱着为老板做事的心态，认为"你出钱，我出力"，"我拿了钱做好自己分内的工作就行了"。这样的想法极其狭隘。我们在企业里不仅仅是为老板工作，同时也是为自己工作，因为我们不仅要从工作中获得报酬，还要从工作中学到更多的经验，而这些经验会让我们一生受用。

是的，我们是在为自己工作。不是因为薪水，也不是因为老板"要我做"，而是"我要做"。人生因工作而美丽，因工作而朝气蓬勃，因工作而有意义，因工作而无怨无悔。我们的成就感与幸福感，很大程度上都来自于工作。

齐瓦勃出生在美国的一个普通的小乡村,只受过短暂的学校教育。18岁那年,一贫如洗的齐瓦勃来到钢铁大王卡内基所属的一个建筑工地打工。一踏进建筑工地,齐瓦勃就表现出了高度的自我规划和自我管理的能力。当其他人都在抱怨工作辛苦、薪水低并因此而怠工的时候,齐瓦勃却一丝不苟地工作着,并且为以后的发展而开始自学建筑知识。

在一次工作间的空闲时间里,同伴们都在闲聊,唯独齐瓦勃在安静地看着书。那天,恰巧公司经理到工地检查工作,经理看了看齐瓦勃手中的书,又翻了翻他的笔记本,什么也没说就走了。

第二天,公司经理把齐瓦勃叫到办公室,问:"你学那些东西干什么?"

齐瓦勃说:"我想,我们公司并不缺少建筑工人,缺少的是既有工作经验又有专业知识的技术人员或管理者,对吗?"

经理点了点头。

不久,齐瓦勃就被升任为现场施工员。同事中有些人讽刺挖苦他,齐瓦勃回答说:"我不光是在为老板工作,更不单纯是为了赚钱,我是在为自己的梦想工作,为自己的远大前途工作,在认认真真的工作中不断提升自己。我要使自己工作所产生的价值,远远超过所得的薪水,只有这样我才能得到重用,才能获得发展的机遇。"

抱着这样的信念,齐瓦勃一步步升到了总工程师的职位上。25岁那年,齐瓦勃做了这家建筑公司的总经理。后来,齐瓦勃开始了创业,建立了自己的企业——伯利恒钢铁公司。这家公司后来成为全美排名第三的大型钢铁公司。

　　像齐瓦勃这种为自己工作的人，不需要别人督促，他们自己监督自己；他们不会懒惰、不会报怨、不会消极、不会怀疑、不会马马虎虎、不会推诿塞责、不会投机取巧……他们不仅在工作中锻炼与提高了自己的能力，还积累与建立了自己良好的信誉。这些东西是他们最宝贵的资产，是他们美好前途不可或缺的基石。

　　一家企业要想生存和发展，就必须有一些主动和负责的员工。可遗憾的是，这样的员工在企业中却并不多见，很多人都在不停地为自己找借口，比如"不是我不愿意主动些，而是我缺少机会"等。然而，工作中真的缺少机会吗？当然不是，尤其在当今这个时代，我们从来不缺少机会。而有的人却仍然说自己没有机会，为什么呢？因为这些人一直在守株待兔，总是期待着机会自己找上门来。他们完全没有意识到，机会再多也要靠自己去主动争取，如果总是被动等待，那最后自然什么也得不到。

　　我们身边有很多人天生就是"乖孩子"，领导安排什么事情就做什么事情，虽然能够完成任务，将事情做好，但总让人觉得缺少什么。到底缺少什么呢？不是别的，正是积极主动的工作态度。当我们积极主动地去工作，以一种主人翁的心态去面对工作中的问题时，我们会发现一切都将变得不一样，自己每天都在飞快地进步。只要我们养成积极思考，主动工作的习惯，就能将工作做好，取得事业上的成功。

　　企业需要积极主动的员工，企业厌恶消极懒散的员工，因为积极主动的员工能够给企业的发展注入活力，而消极的员工只会拖住企业前进的脚步。在企业遇到困难的时候，只有积极主动的人才能与企业同甘共苦，只有他们才会努力地去思考解决问题的办法，奋斗在最艰苦的一线。个人的付出多少他们从不计较，企业的发展才是他们最为关心的。因为，他们知道，他们是在为自己工作！

工作箴言

那些时刻尽心尽责，用心工作，将自己当作企业的主人，为自己工作的员工，会收获事业的成功与生活的富足；而那些有着"为老板工作"这种思维方式的员工，他们最终所得到的却仅仅是一份微薄的薪水、一个赖以生存的手段而已。我们需要改变自己，让自己主动地、用心地去工作，把工作做好，这也是实现自我、成就卓越的必经之路。

珍惜你的工作

谁有资格不珍惜自己的工作呢？一份工作能体现你的价值，也是你生存的保障，是你幸福的源泉。工作值得好好珍惜，它是对你自身能力的最基本的肯定。

一家企业的墙上有这样一幅标语："今天工作不努力，明天努力找工作"，初看时觉得这句话非常残忍，但是深想一下，却觉得这是一句金玉良言。这句话更深刻的意义在于：我们每一天的平淡工作，就像一颗颗毫不起眼的石头，我们必须付出满腔热情、全力以赴，而不是尽力而为；我们要在工作中学习，在学习中进步。某一天，当机会来临的时候，我们一天天收藏起来的石头就会变成一颗颗耀眼的钻石，为我们带来无穷无尽的财富。

相信很多人都经历过穿梭在各大招聘会现场，"海投"简历却回音寥寥的情况，那么，此刻对于拥有一份工作的你来说，是不是感到自己很幸运呢？虽然有很多竞争者，但你拥有了这份工作，所以，你要懂得好好珍惜，不要轻易失去它。

要珍惜你的工作。也许你曾经是在工作上敷衍了事的人，如果你不再想频繁地更换工作，那么你唯一的出路就是踏踏实实地干好本职工作，并且争取干出一点成绩来。不管在什么单位，业绩都是你生存的基本硬件，同时也是让你赢得尊严，赢得信任的必要条件。如果你的业绩因为你的敷衍而一塌糊涂，那么也许你现在还没有失业，但是请不要忘了，老板不会永远养着一个闲人。为什么？请换位思考，如果你是老板，你愿意这样做吗？

现实的情况就是如此，即便你是企业主，在这个社会的大环境中，如果你不珍惜自己的工作，结局就是你必须重新去努力找一份工作。

你必须要清楚，不是人人都有一份工作，很多人已经把手伸到你的岗位上去了，稍有疏忽，你可能就将失去它。现在，许多公司实行竞聘上岗，优胜劣汰。有胜就有败，那么，什么样的人容易被淘汰呢？这山望着那山高，总想换到舒服的、有高薪的岗位，本职工作还没做好就想着升迁，这样的人将会第一个被淘汰。珍惜岗位是一种责任、一种承诺、一种精神、一种义务。只有珍惜岗位，才能爱岗敬业，尽心尽力地工作，尊重自己所从事的工作，才能精通业务，才能不被淘汰。

托尔斯泰曾经说过这样一句话，当幸福在我们手中的时候，我们并没有感到幸福的存在；只有幸福离我们而去，我们才知道它的珍贵。也许由于懒惰，你得过且过，最后当失去工作的时候，你才追悔莫及。

必须要懂得，工作是一种幸福，我们必须珍惜它。固然，我们会在工作中遇到各种各样的挫折和压力，我们也有气馁的时候，也有感到厌倦的时候，但是，这些都是我们应该面对的，相比工作带来的幸福，这些压力又算什么呢？要知道，每一份工作都不是简单的，一张报纸一杯茶混一天的时代早已过去。面对工作中的各种压力，只能调整自己的心态，用一种积极的态度，用心地去学习和工作。

不管你就业于哪个部门，身处哪个职位，都必须认识到，工作岗位不是为某一个特定的人而设置的，它是为那些具备了一定才能而且愿意工作的人而设置的。非常遗憾的是，很多人工作时不努力，总是在失业后才恍然大悟，在找工作的艰难中才想到自己以前应该好好工作，但是，为时已晚。更可悲的是，有些人不认为是自己错了，更多的是去责怪企业和领导。

我们要有忧患意识和危机意识，好好珍惜自己现在拥有的工作，在工作岗位上精心谋事、潜心干事、专心做事，把心思集中在工作上，把本领用在工作上。

今天工作不努力，明天努力找工作。珍惜你现在的工作吧！

工 作 箴 言

你的工作来之不易，所以我们应把珍惜自己的工作当成是一种责任、一种承诺、一种义务、一种使命。

热爱你的工作，努力做到最好

热忱是一把火，它可燃烧起成功的希望。热爱本职工作，尽职尽责地做好属于自己的工作，这样的员工无论在哪一个岗位上，都能够兢兢业业、任劳任怨地发挥自己的智慧和才干。

热爱工作，就是一个人保持自发性，就是把自己的每一个神经都调动起来，去完成自己内心期望实现的目标。热爱工作是一种强有力的工作态度，一种对人、事、物和信念的强烈感受。

热爱本职工作是每个企业对员工的基本要求，也是员工尽职尽责的前提，更是企业最需要的员工的基本素质。即使有一个很好的工作环境，如果总是一成不变的话，任何工作都会变得枯燥乏味。许多在大企业工作的员工，拥有高学历，受过专业的训练，有一份令人羡慕的工作，拿一份不菲的薪水，但是他们中的很多人对工作并不热爱，仅仅是为了生存而工作。因此，他们的精神，总是紧张、烦躁，工作对他们来说也毫无乐趣可言。

一份工作是否有趣，取决于你的看法。对于工作，我们可以做好，也可以做坏；可以高高兴兴、骄傲地做，也可以愁眉苦脸、厌恶地做。如何去做，这完全在于自己。既然是这样，我们在对待工作时，何不让自己注入活力与热情呢？

一个人适合干什么工作，不是由社会潮流和个人主观愿望来决定的，而是取决于个人的特长、爱好、性格等因素。有句话说："工作着是美好的。"如果你做的是"天生喜欢"的事，那么你就容易在工作中发现乐趣。如果你做的是单调枯燥的事，那你就很可能在心理上和情绪上受到挫折。那些成功的人，总是利用两个"法宝"——毅力和热忱。毅力使你忍耐工作的枯燥，把每件事都看成是通向成功目标的踏脚石；热忱可以使你改变情绪，从工作中发现乐趣，这就是如何把单调的工作变成自己喜欢做的事的技巧。

设想你每天工作的八小时，都在快乐地游玩，这肯定是一件十分惬意的事情，那么，你将会把工作变成一种乐趣去享受，你也能快速发现属于自己的位置，并获得巨大的发展。

热忱对任何人都能产生这么惊人的效果，对你我也应该有同样的功效。一个人如果想成功，他就必须把自己全部的热忱都投入进去，热爱你的工作，并努力做到最好。正是热忱，在科学、艺术和商业领域造就了无数的奇迹。对个人而言，成功与失败的分界线往往在于，有所成就的人凭着热忱全身心地投入，而另一些人却没有这么做。

只有在工作中追求完美，我们才能顺利实现自我人生的价值。但是有的人却认为工作做到差不多就可以了，没必要努力去做到最好，多付出也不一定能够得到额外的报酬。然而，他们不知道的是，如果一直以尝试的态度去做事，那人生就只有尝试，不会有好的成绩。

热情是一种能量，能使人有资本解决艰难的问题。热情是一种推进剂，推动着人们不断前行。热情具有一种带动力，洋溢在外表、闪亮于声音、展现于行动，影响和带动周围更多的人投身于工作之中。热情并不是与自己无关的东西，也不是看不见摸不着的东西，它是一个人生存和发展的关键。有了热情，我们才能更加用心地去工作。

工作箴言

全力投入工作需要你满怀热忱。没有对工作的热忱，就无法全身心投入工作，就无法坚持到底，对成功也就少了一份执着；有了对工作的热忱，在执行中就不会斤斤计较，不会吝于奉献，不会缺乏创造力。去热爱自己的工作，用满腔热忱努力工作，尽力做到最好！

少一些抱怨，多一些激情

在工作中，很多人都抱怨过，比如"我们公司的管理太不人性化了，每天这么早上班，还要求指纹打卡""我们的工资根本不值得我们做这么多的事情""老板一点也不关心我，不在乎我，在这样的环境里工作，我怎么能做出好成果"等。正是因为我们心中存在这些充满负能量的声音，我们才会去抱怨工作，我们才会感到工作乏味。

当今社会，生活压力随着需求不断增加，我们抱怨的声音也随着压力的增加越来越大。我们总在说自己很忙，没时间去放松，总是有太多的事情要做。适当的抱怨确实可以释放压力，让自己更好地工作，可如果我们总是在抱怨，那只会让自己的理智失去判断，无法用心去工作，最后使自己的职业生涯越来越窄。

艾森豪威尔是美国历史上的第34任总统。在他年轻的时候，有一次，全家人一起玩纸牌。艾森豪威尔连续好几次都拿到了很差的牌，于是他变得很沮丧，开始不停地抱怨，甚至想要扔下手里的牌退出游戏。这时候，他妈妈停下游戏，严肃地说："如果你要玩，就必须用你手里的牌玩下去，不要再抱怨，不然，你就退出。"艾森豪威尔愣住了。他看着妈妈严肃的表情，终于停止了抱怨，玩了下去。

纸牌游戏结束后，妈妈很认真地和艾森豪威尔谈了一次话。她语重心长地说："刚才的纸牌游戏是这样，我们的人生也同样如此。你没有办法选择拿到手的牌，但是要想继续游戏，你就必须用你的牌尽力去玩，而不是抱怨不止。只有尽全力，你才能得到最好的结果。"

妈妈的这些话成为艾森豪威尔的座右铭，他一直牢记这次教训，在后来的生活和工作中，他从来不抱怨，而是认真对待每一件小事，这样的态度，让他获得了成功。

对于员工来说，一开始的低职位就像是拿到手里的纸牌，好与坏是不能随心所欲地选择的，任何一项工作都必须完成。只有用心去做，才能够获得锻炼的机会。如果因为心态浮躁，眼高手低，放弃了职位，也就等于放弃了隐藏在其中的好机会。

美国哈佛大学有这样一条著名的校训：时刻准备着，当机会来临时你就成功了。对于每一位员工来说，这句话同样值得深思。只有在平凡的职位上不断努力，才能够为将来的成长制造机会。

如果我们把自己的眼光停留在抱怨工作的层面上，那就只能使自己的工作永远停留在原地。反之，如果我们将精力和目光放在如何解决问题上，用心去工作，那最后就会收获意想不到的效果。

一味地抱怨，对工作是没有任何好处的，只能让自己徒增烦恼。在职场中，我们应该闭紧抱怨的嘴，用心做事，将自己的热情和精力都投入到工作中。要知道，抱怨不会改变我们的现状，只会让我们陷入更加不幸的状态。所以，我们只有放下抱怨，才能有快乐的心情去工作，才能创造自己的人生。

抱怨就是一种消极的思维方式，是一种逃避问题的消极思维方式，因此我们要远离抱怨，一味地抱怨只会使我们失去思考和解决问题的能力。我们要明白，企业的建设和发展从来不需要抱怨，抱怨只能使企业的状况变得更糟。所以，领导只喜欢那些用心工作，从不抱怨的员工。

用心工作的人不会抱怨，他们只知道全身心地投入到工作中。如果我们想得到别人的安慰，适当的抱怨会让我们收到想要的效果，但是，如果我们不停地抱怨，那只会让别人讨厌我们，同时还让我们的思绪处于一种混乱的状态。另外，持续的抱怨还会产生负面的影响，让我们的思想和眼界变得肤浅和狭隘，使我们的注意力无法集中到自己应该专注的事情上。

激情是一个人做好工作的重要因素。积极进取可以让人更加投入地工作，员工之间也能够互相信任，彼此更容易沟通。总之，只有在工作中充满激情，全力以赴，我们才能在各自的岗位上做出出色的业绩。

激情是一个人成功的前提。激情能够让人的工作能力得到提升，能够让一个人得到锻炼。激情是一种积极的态度，是一种对事业成功的渴望。对公司始终保持着激情，那么，我们的事业也就有了前进的动力。

你对工作充满激情，那么，老板也会非常欣赏你。有了激情，我们对工作的目标也就更加的坚定。有了激情，我们才不会抱怨，才可以更好地去创造价值，享受工作的乐趣。激情不一定就是轰轰烈烈，我们也可以在平凡的工作中拥有激情。在平凡的岗位上全心全意地工作，尽自己最大的努力，做好每一天的工作。

做一个富有激情的员工，这种激情能使你更加热爱自己的工作，更加享受自己的工作，然后通过自己的努力，在工作中得到全面的发展，同时也为企业做出巨大的贡献。我们一定要竭尽全力，让自己变成一个富有激情的员工，唯有如此，我们才能得到更长远的发展。

工 作 箴 言

工作中总会遇到各种各样的不如意，我们与其抱怨，不如去努力改变自己。抱怨不会改变现实，我们只有战胜情绪，让理智统领自己，用心去工作，才有可能改变现状。而富有激情的人给公司带来的总是正能量，他们精力充沛，工作起来积极、主动。

以最好的状态去工作

在工作中，我们需要用最好的状态去工作，因为只有这样，我们才能在岗位上创造出更多的价值。什么是最好的状态？根据现代管理学的观点，最好的状态是指一个人在岗位上尽职尽责，不懈怠，不应付，能够主动去工作，并且会在工作中不断提高自己的业务能力和水平。

那么，什么是阻碍我们发挥最佳状态的因素呢？

答案很简单，厌倦。假如一个人厌倦了自己的工作，那么就会在工作中丧失最佳状态，变得应付起来，得过且过。

这个道理很简单，如果某天，老板让你拿着公司的印章在一份一份的文件上盖章，你肯定会觉得非常新鲜刺激，甚至会生出自己是"这家公司的老板"的错觉。但是，如果让你每天都重复这一工作，一天、两天、一周、两周你或许还能忍受，但是如果时间长度到了半年一年，甚至是几年之后，你还能忍受吗？

没错，工作内容的单调、枯燥、乏味，吞噬了很多人的工作热情，让他们感觉到自己就像一台重复工作的机器，已经不知道喜怒哀乐为何物了。

李琳在一家大型企业工作，每个月拿着令人羡慕的薪水，她有一个聪明的儿子，一个爱她的老公。按说她应该是幸福的。可是，最近，她却发现自己突然变得越来越"懒"了：懒得工作、懒得看书、懒得说话，甚至连以前最喜欢玩的保龄球也懒得打了。

她说大学毕业的时候，很庆幸自己找到了一份专业对口、收入颇丰且稳定的工作。开始的时候，她满怀信心和激情，不久就凭借自己的踏实和勤奋站稳了脚跟。可是时间久了，她发现，每天的工作都是例行公事，一沓沓文件摆在那里，好像一座山一样，永远也处理不完。第二天醒来又要重复前一天的工作，没完没了，看不到尽头，甚至有时下班后还得带一堆工作回家，或为了一个重要的会议而加班，感觉特别疲劳。

由于工作没有了新鲜感，李琳再也不像刚来时那样为了某个任务的完成而沾沾自喜了。李琳无奈地说，周围的人都羡慕自己拿着稳定的薪水，坐在舒适的办公室里，可是谁又知道她过得并不开心，每天只是填写一个个表格，那些表格很烦琐、枯燥，自己都不知道为什么要填写。李琳每天都感觉很累，很疲倦，甚至已经有了放弃工作，回家当全职太太的念头。可是，想想回家待着也许会更无聊，只好继续留在办公室里机械地工作着。而且最近一年，李琳在晚上总是睡不好觉，情绪低落，经常发无名火，怎么也高兴不起来，去医院检查，却什么毛病也没有。她很是沮丧，总觉得自己像一潭死水，没有新鲜的活水来补充，也没有任何的波澜和起伏，似乎就是在等待情绪衰竭的那一天。

　　像李琳这类人在别人看来就是典型的"身在福中不知福"，但是也就像"家家都有本难念的经"一样，谁心里的苦也只有自己最清楚。在现实生活中，有不少职场人士跟李琳的情况是一样的。在某一个岗位上做久了，就会逐渐失去新鲜感，这是一个很正常的心理现象。即便是自己喜欢的事情，如果成年累月重复做，也会感到厌倦的。在厌倦和烦躁的情况下，一个人很难拿出百分之百的精力去工作，自然也就不能达到自己的最佳状态。

　　但工作的单调和枯燥总是不可避免的。一项工作干久了，看上去轻车熟路，实际上就会有一种重复"吃剩饭"的感觉。不过，"剩饭"也罢，"新菜"也罢，关键是要调整好自己的"口味"，不断地变换一些花样，只有这样，我们才能够让自己时刻以最好的状态去工作。

　　其实，我们有很多办法让自己保持最好的状态。我们可以做到以下几点。

　　第一，用感恩的心态去工作。假如我们在工作当中学会感恩，我们自然就不会对工作产生过多的厌烦。而事实上，工作当中的确存在许多值得我们感恩的，我们要感恩企业给你的工作岗位、感恩领导给你的工作机会、感恩同事给你的工作帮助。这些感恩能让我们建立起与工作之间的感情联系，有了这种感情，我们对工作自然不会太过排斥。

　　第二，用正确的价值观去对待自己的工作。我们要将薪水当成是工作的回报，但不能当成自己唯一的回报。另外，我们还需要把工作当成事业。

一个人把工作当成职业，那么他会全力应付，但一个人把工作当成事业，那么他会全力以赴。因此，我们需要将自己的工作当成事业而绝非只是职业。

第三，永远都要有一个自己的目标。当我们有了自己的目标之后，我们就有了动力。所以，想要达到最佳的工作状态，我们就必须在工作当中不停地树立目标，并让目标成为我们奋斗的动力。

工 作 箴 言

工作本身并没有与生俱来的乐趣和意义，所有的价值全部是人为加在它上面的。不管我们从事的工作是单调乏味，还是趣味盎然，这一切都取决于我们看待它的心境。

第二章 自动自发，对工作尽职尽责

　　自己的事情自己做，自己遇到的问题自己解决。当面对工作中的问题时，很多人总是以各种借口推脱，而把问题交给别人。殊不知，这样做的后果就是让自己失去了成长的机会。只有主动地承担自己的工作，主动地去帮助别人，主动地做些分外的工作，我们才能抓住更多的发展机会，从而在事业上取得更好的成绩。

热爱工作才能创造奇迹

热情对每一个职场人士来说都很重要，如果我们对工作失去了热情，我们就无法在职场上生存。有了工作热情，我们能让自己永远都保持着高昂的工作斗志；有了工作热情，我们可以把枯燥乏味的工作变得生动有趣，永远都不会让自己感到无聊；有了工作热情，我们还能感染身边的同事和领导，让自己收获一段段良好的人际关系。

一个人如果充满热情地沿着自己理想的方向前进，并努力按照自己的设想去生活，他就会获得预想不到的成功。只要我们热爱工作，我们就能在工作中创造奇迹。

克劳斯是一家公司的推销员，是一个给人感觉忠厚老实的人，可就是缺少魄力。他是公司里业绩最差的职员。公司虽然很欣赏他的人品，但也只能考虑把他辞退。可是就在此时，克劳斯突然爆发出了令人不可思议的潜力。他开始认真地工作，销售额也慢慢攀升，一年后已经成为公司的明星销售员了，又过了一段时间，他竟成为行业销售领军人物。

在总结大会上，克劳斯受到了公司高层的夸奖。董事会主席给克劳斯授完奖以后，对克劳斯说："我从来没有这样高兴地夸奖过一个人。你是一个杰出的销售员。不过，你的营业额高速增长，这巨大的转变是怎么实现的呢？能不能分享一下你的诀窍呢？"

克劳斯性格内向，并不擅长演讲，他有点腼腆地说："董事长先生及各位先生女士们，过去我曾因为自己是个失败者而自暴自弃，这一点我记得很清楚。有一天，我看到一本书，上面写着'工作需要激情'，我忽然好像感受到了什么，觉得自己不能再这样下去了。我找到了以前失败的原因，那就是缺少工作的激情。我坚信，我会改变的。第二天一大早，我就上街从头到脚买了一套全新的衣物，包括西装、衬衫、内衣、领带、皮鞋、袜子等，我需要全面改变自己。回家以后我又痛痛快快洗了个澡，头发也剪短了，也把脑子里消极的东西全都洗出去了。然后我穿上刚买的新衣物，带着前所未有的激情出去推销。接下来，我的销售额上升了，也感到工作起来越来越得心应手。这就是我转变的过程，没什么复杂的。"

克劳斯的改变，只是由于他唤起了工作的激情而已。激情可以把一个人变成一个全新的人，这是一个多么令人赞叹的转变呀！事实上，很多人之所以工作做得不够好，甚至失败，就是和克劳斯差不多，缺少对工作的激情。假如你现在对自己所拥有的工作，自己所从事的职业，或是自己的定位都无法拥有一点激情，那你肯定无法将工作做好。

就算工作令自己很失望，也不要愁眉苦脸、碌碌无为，要学会控制自己的情绪，激发自己的工作热情，让一切都变得充满活力。

激情对于工作的作用是非常巨大的。一个拥有激情的人才能将工作做好。工作中有了激情，我们就可以挖掘出自身巨大的潜能；工作中有了激情，可以把乏味的工作变得快乐无比，使自己充满对工作的期望，使自己产生一种对事业进一步的追求；工作中有了激情，可以感染身边的人，建立良好的人际关系，组建一个强有力的集体；工作中有了激情，可以得到上司的赞赏和重视，获得更多提拔的机会。

热情确实是做成任何工作的必要条件，它能激活我们全身上下的每一个细胞，帮助我们完成心中最渴望的事情。

国王和王子打猎途径一个城镇，他们看见有三个泥瓦匠正在工作。国王问那几个匠人在做什么。

第一个人粗暴地说："我在垒砖头。"

第二个人有气无力地说："我在砌一堵墙。"

第三个泥瓦匠热情洋溢、自豪地回答说："我在建一座宏伟的寺庙。"

回到皇宫，国王立刻召见了第三个泥瓦匠，并给了他一个很不错的职位。王子问："父王，我不明白，你为什么这样欣赏这个工匠呢？"

国王回答说，"充满工作热情的人不会被手头的任务吓倒，而是用这种对结果的预期鼓励自己去努力，去克服可能遇到的各种困难。"

不难想象，这三个泥瓦匠若是生活在现代，第一个人仍然会"垒砖头"，第二个人可能成为一个工程师，而第三个人则会拿着图纸指指点点，因为他会成为前面两个人的老板。

如果我们对自己的工作充满热情，那么，我们不但能从中享受到快乐，还能在事业上大有作为。

然而，不幸的是，现实生活中，太多人对自己的工作缺乏热情。很多人早上从睡梦中醒来，一想到待会儿要去上班，心情立马跌落到谷底。等磨磨蹭蹭地到达公司后，他们又开始无精打采地开始一天的工作，好不容易熬到下班，他们才一扫低迷的情绪，变得精神抖擞起来。

在他们的眼里，工作只是自己养家糊口的差事，老板出钱，自己出力，属于等价交换，完全没必要太过认真。所以，抱着这种不负责任的消极心态，他们没有一丝工作热情，平时只像老黄牛拉磨一样，别人催一下，自己动一下，懒懒散散，得过且过。

毫无疑问，这种员工最不受老板的欢迎。要知道，在企业里，老板最喜欢的永远是那些在工作中充满了热情的员工，因为他们不仅能将自己的工作做到最好，还能带动周围的人更加努力工作。

迪士尼还是一个年轻小伙子的时候，他就梦想着能够制作出吸引人的动画电影来。于是，他以极大的热情投入到工作当中去。为了了解动物的习性，他每周都亲自到动物园去研究动物。值得一提的是，在他后来所制作的动画片中，很多动物的叫声都是他亲自配的音，包括那个可爱的米老鼠。

有一天，他提出了一个构想，欲将儿童时期母亲所念过的童话故事"三只小猪与野狼"改编成彩色电影。但助手们都摇头表示不赞成，没有办法，迪士尼只好打消这个念头。但是迪士尼心中一直无法忘怀，后来，他屡次提出这个构想，都一再地被否决掉。

因为他有着一种无与伦比的工作热情，大家终于答应姑且一试，但是对它不抱有任何的希望。然而，剧场的工作人员谁都没有料到，该片竟受到全美国人民的喜爱。这实在是空前的大成功，它的主题曲立刻风靡全美国——"大野狼呀，谁怕它，谁怕它。"

通过迪士尼的经历，我们可以得出一个结论：一个人工作时，如果能以火焰般的热情，充分发挥自己的特长，那么，无论他所做的工作有多么难，他都不会觉得辛苦，并且迟早有一天，他会成为该行业的巨匠。

所以，不管我们从事何种工作，都要时刻记住一个真理：热爱工作才能创造奇迹，热爱工作才能获得成功。当我们对工作倾注自己所有的热情时，就能成为该领域的专业人士，最后收获同事的欣赏和尊敬，以及领导的信赖和重用。

◤工 作 箴 言◢

一个人一旦爱上自己的工作，就会全身心地投入其中。因为这样的人会把工作当成一种享受，这种内在的精神力量才是鼓舞人们认真工作、持续创新的动力。他们会不断提高自己的职业素养，在工作中完善自己、精益求精、不断进取。

找到工作的乐趣

人生不可能离开工作，人的一生中大部分时间都需要在工作中度过。工作不仅是为了赚钱，更重要的是我们需要在工作中实现自己的价值。所以，不应该简单地将工作视为赚钱的工具，我们要学会在工作中寻找快乐，只有这样才会在工作的时候学会享受，在这样的状态下，工作也会变得简单，因为工作成为快乐和幸福的事情。工作为我们的生命增加了乐趣。

一位著名的作家说过："人生的乐趣隐含在工作之中。"但是，实际生活中，越来越多的人在抱怨自己的工作，他们的工作不是自己喜欢的，也不是自己大学里学习的专业，感觉自己学到的知识没有用处，抱怨自己是英雄无用武之地。如果你总认为自己的工作不能和自己的兴趣相结合，那你肯定就不会享受自己的工作。你在工作中也是煎熬。所以，不管自己对工作是否满意，都不应该对自己的工作抱怨。就算你必须做些自己不喜欢的工作，也要寻找欢乐，学会用积极的态度去对待工作，这样你就会有收获。

在美国佛罗里达州桑福德市一个安静的小镇上，有一名厨师叫马克·鲍勃，他的烹饪水平一直不错，在一家叫好望角的餐厅做了两年的厨师。

幸运之神眷顾了他，他中了数百万美元的大奖。在经济危机的情况下，他成了小镇最幸运的人。中奖的那个晚上，他在自己工作的餐厅请客。他亲自下厨，和大家一起庆祝。

那个狂欢的晚上，所有人都尽情玩闹，只有饭店老板约翰有些难过，因为他得开始计划重新招聘一名厨师了，他想鲍勃肯定不会继续干这份工作了。

第二天，就在约翰拟好招聘广告之后，一个熟悉的身影出现了。鲍勃来上班了。鲍勃不但来继续工作，而且还风趣地说："我是厨师，你们休想把我丢进那些豪华会所。"

于是，鲍勃又吹着口哨开始了他的工作。很快，饭店里的食客渐多，当人们发现鲍勃依然在这里工作时，都很惊讶地向他挥手致意。

有人问他："鲍勃先生，你完全不必继续在这里工作了，为什么还要继续呢？"

他一手端着盘子，一手拿着勺子说："我从小就学习做菜，并在父母亲的反对之下坚持成为一名厨师，你大概知道我有多喜欢干这个了吧？而且，我在这里有像亲人一样的老板和同事，我们相处得非常快乐，他们让我人生的大部分时间都很快乐。我为什么要因为一笔意外之财而丢弃我热爱的事情呢？是的，我不能因为钱耽搁了我的快乐。"

其实，所有的工作本身都有着自己的乐趣所在，如果你喜欢它，然后努力去做，就一定会找到乐趣所在，重要的是你以什么样的态度看待它。实际上，每一个工作岗位都有它的快乐存在。当你努力在工作中寻找乐趣时，你会以积极乐观的态度进入工作状态。如此一来，那些无聊、枯燥的工作都会改变，自己的心理状态也会发生变化。既能提高自己的工作业绩，也会影响到你周围的其他同事，这样可以提高整个团队的工作效率，可以得到同事甚至老板对你的赞赏和尊重，对事业的发展有着积极的作用。

在一个偏远的小山村，有一位邮差。他从自己年轻的时候就开始在这里做邮差，每天奔波几十里的路程，多年如一日地重复着将各种信件送到村民家里。就在这样的状况下，20年转眼就过去了，沧海桑田，很多事物都变了，只是那条连接着邮局和村庄的小路还是老样子，从来没有垃圾，放眼望去，只有尘土。

这条路还要再走多久才是头啊？他不禁问自己。当他想到自己不得不要在这荒无人烟的路上，骑着自己的小破车度过自己的余年，心里便有了一丝丝的伤感。

后来有一天，他送完当天的信件，心情沉重地准备回去，正好路过一家卖鲜花的商店。

于是，他走进了这家商店，买了一些花种。而且，从第二天开始，他就带着这些花种撒在自己每天经过的那条小路上。

一天天过去了，一年年过去了，他每天都在坚持着将花种撒向路边。

不久之后，那条他走了 20 年的小路，开始从荒凉变得充满生机，路边开放着颜色各异的小花儿。不同季节也都开着不同的花儿，漂亮极了。

开满小路的花散发着香气，走在路上的村民说这些比邮差送给他们的所有信件都让人感到高兴。

在飘着花香的小路上，邮差每天都很高兴，脸上带着满意的微笑，而且从此不再悲观。此后，他每天都是快乐的。

从上面的故事中，我们可以发现，当我们去用享受的态度对待工作的每一分钟时，工作就不会成为负担，而会成为一种乐趣。因此，如果你想要在工作中拥有乐趣，就要学会改变对待工作的态度，要学会换个角度看自己的工作。对工作保持着不同的心态，即使面对相同的工作内容，也会有不同的感受。

把平凡的事情做好就是不平凡。我们每个人身处的岗位都是平凡的，只有自己充满激情，用心努力去做，才能在平凡中创造成绩，收获自己的价值。

大多数情况下，并不是工作中没有乐趣，而是人不懂得在工作中寻找欢乐，创造乐趣。乐趣在哪里？乐趣就在自己全身心投入到工作中，贡献自己可以贡献的力量，追求团队价值，这时，你会发现乐趣在身边。

工作箴言

对工作的投入不仅需要乐观态度，更需要真正的行动。在工作中，只要对工作持有正确的态度，就会发现工作的乐趣。因此，能够从工作中寻找到乐趣并获得快乐的员工，更容易在工作中有成绩，也更可能成功。

把工作当成自己的事业

在很多人的眼里，工作就是安身立命的资本。一旦有了一份稳定的工作，往往就意味着从此有了安身立命之处。然而，如果我们仅仅把工作当成谋生的工具，那么，我们就可能会把工作当成苦役，即使从事的是自己喜欢的工作，仍然无法持久地保持工作的热情。

如果我们把工作当成自己的事业来看待，情况就完全不同了。由于有了目标和追求，我们就会有良好的精神状态和不竭的动力，就会在工作中充满热情，最终做出一番成就来。

两个人从同一扇窗子往外看，一个看到的是满地的泥泞，一个看到的是满天的繁星。这说明对同一件事情的态度，并不完全取决于事情的本身，还在于人的主观能动性。

也就是说，当我们充满热情地去工作，并将它当作自己追求的事业时，我们工作起来就会心情舒畅，事半功倍，就可能有所建树；反之，当我们以消极的态度去工作，一点儿热情都没有时，我们工作起来就会索然无味，就很难有所作为。

很多年前，一群修铁路的工人在忙碌着。他们都很劳累，然而，当他们想到每天有 11 美元的工资时，他们就咬牙坚持着。很多年后，当这群工人中的大多数仍然在忙碌时，忽然来了一辆豪华客车，有一个人从窗户伸出头来跟大家打招呼："嗨！我的朋友们！你们好吗？"大家抬头观望，原来是他们若干年前的同事约翰。

约翰现在已经是一家铁路公司的总裁了，他被老朋友们包围起来，大家问这问那，其中一个问道："我的朋友，我真的很奇怪，你是和我们同一天开始修铁路的，为什么你能当上总裁，而我们还在做同样的工作呢？"

约翰笑了，他说："我的朋友，我并没有什么特别的地方，如果说有，那就是我从开始就在想着为整个铁路公司而工作，而你们大概只为了每天 11 美元的工资而工作吧。"

从这个故事可以看到，一个人能否走上成功之路，关键要看他是否把工作当成事业来做。很显然，如果一个人工作仅仅是为了糊口，就不可能激发他丝毫的工作热情，而没有工作热情，又怎么可能在工作上有所成就呢？

台塑集团创始人王永庆先生说过："一个人把工作当成是职业，他会全力应付；一个人把工作当成是事业，他会全力以赴。"不难发现，平庸者和卓越者的差别其实就在于此。

前者在工作中只会感到艰辛、枯燥、乏味、倦怠，久而久之，就会失去工作的热情，就会变得越来越没有理想，最后平平庸庸；后者则会在工作中激发出无尽的热情，自己的潜能也会得到最大程度的发挥，最后在不懈的努力下，取得非凡的成就。

所以，身为员工，我们一定要学会把工作当成自己的事业，多一点事业心，带着满腔的热情去主动工作，只有这样，我们才能在职场上取得成功。

▰ 工 作 箴 言 ▰

把工作当自己的事业的人，才能够以积极的心态对待自己的工作，而不会觉得工作只是自己谋生的一种手段，是自己不得已而为之的事。

用认真的心态去工作

　　工作态度决定工作结果。一个工作态度积极的员工，对他而言，无论做什么工作，工作都是神圣的，一定会尽心尽力地用心去做，哪怕他的工作能力有限，也会释放出自己最大的潜能，全力以赴地去实现自己的最大价值。一个员工，如果面对工作的时候总是保持着悲观消极的态度，那么他的工作就会成为负担，越来越压抑他，即使他有很强的能力，也很难在工作中获得成绩。

　　态度是无形的，不能看到，更不能摸到，只能用心去体会，去感受，但是它绝对不是虚无的。和那些可以看到的能力相比，它更加重要，也更加强大。在工作中存在着很多这样的员工，他们凭借自己的能力和资格，工作态度非常散漫，心态浮躁。这样的员工很难走到最后，只能留下遗憾。

　　对初入职场的人来说，高手如云，那些既能保持良好的工作心态，又拥有一定的能力，是很难得的人才，这样的员工，不仅能在困难中保持稳定的心态，也会在成功的时候不骄不躁。任何时候都能拥有一颗平和的心，在工作中不断提高自己。

一名经理经常对自己的员工说："能力不分大小，态度决定一切，工作能力再强，如果做事的态度不端正，就很难做好自己的工作。"他经常要求自己的下属工作的时候必须先端正态度，再去做事。这种做法让他领导的团队，总能在第一时间完成最难的任务，也能在最艰难的环境中做出成绩。

员工的心态决定姿态，工作态度决定职业生涯的成功与失败。对所有员工来说，能力都可以通过工作的实际锻炼得到提升，只要在工作中态度认真，不断学习，不断提高，能力都可以在实践中提高。态度则需要员工自己的身心修养，提高自身素质，来面对遇到的困难和挫折。只有正确对待这些，调整好心态，才能收获事业上的成功。

赵涛是重点院校的高才生，研究生毕业后，应聘到一家著名的公司工作。公司的领导让他到生产部门工作，他非常不满意。但是在家人的劝说下，他还是去上班了。

刚入职的时候，他还可以忍受生产线上的工作，而且做得比较用心。后来，很多员工知道了他是研究生毕业，这让他心态很不平衡。他觉得自己拥有研究生学历却要每天在车间里打杂，这是对人才的浪费，也是对自己的侮辱，这些简单的工作自己还不如随便做做。这样想着，他的心态稍有平衡，开始整天拿着手机上网、聊天，当遇到员工来找他工作的时候，他也会显得很不耐烦，甚至态度恶劣，常与人发生争吵。

　　一年后，一起来到车间锻炼的另一个员工，他是从一所普通大学毕业的，学历和能力都不如赵涛，但是被调到公司与一所大学合作的研究项目组工作，赵涛却依旧留在生产部门工作。他很不服气，去找领导理论。

　　领导看到他心浮气躁，语重心长地说："你是研究生毕业，而且在学校里面成绩优秀，各方面的条件都不错。当初公司招你过来，想要重点培养，所以把你放到基层去锻炼，让你熟悉基层工作，以便日后好做研究工作。公司里面很多有成就的专家都是这样走过来的。可是没想到，你不仅没有珍惜这次锻炼的机会，而且工作表现很差，甚至违反公司的规章制度，经常和员工发生争吵，这样的工作态度怎么能够提升自己，又如何担得起更重的责任呢？"

　　赵涛听到领导的话后，并没有醒悟，还争辩："你没有事先说清楚，我怎么知道这是锻炼？而且公司这样的做法是在付出高额的代价和成本来考验一个人才，这种做法会白白浪费我的时间和精力，我来公司就是为了做研究，如果公司从刚开始就让我进入研究岗位，我肯定会为公司做出很大的贡献。"

　　领导听到他的辩解，更加失望，无奈地对他说："你怎么会这样想呢？一个人即使有能力，但是工作态度不端正，工作迟早也是会出问题的，如果你是这种想法，我们也不想挽留你。公司已经给过你机会，你却不知悔改，看来你并不适合我们这里的工作，你还是另谋高就去吧。"

　　赵涛这时候才知道了事情的严重性，心里非常后悔，急忙向领导表示自己没有要离开公司的意思，希望领导再给自己一次机会。但是领导非常坚定地拒绝了，赵涛只能离开公司。

赵涛是个有能力有学历的人，如果他能够懂得摆正工作态度，认真工作就一定会前途无量。但是，他自视才高，虽有能力，却对工作充满了抵触情绪和怀疑态度，没有将工作岗位的制度和纪律放在眼里，在工作中放任自己，和员工发生争吵，和领导交流中也不思悔改，这种做事态度是极不负责任的，做人也是极端偏执的。最终，他只能失去工作机会，在职场中失败。

好的工作态度是做好工作的前提，一定的工作能力是做好工作的保证，工作态度体现的是一个员工的道德和修养，表现出来的也是员工的素质。一个人无论有多强的能力，多高的学问，如果不能够端正工作态度，就很难提升自己的能力。所以，工作态度是提高工作能力的前提和保证。

一个人对待周围的人和事的态度，就会表现出他这个人的本质。他值不值得别人信任和尊重，能不能够被别人认可和接受，这些都取决于他的态度。有能力固然可以获取别人的信任，但如果自命不凡，会失去别人对你的尊重。

工作总是属于那些具有良好的工作态度，又拥有一定工作能力的员工。你必须转变自己的思想和认识，必须培养自己的敬业精神，尊重自己的工作，恪尽职守，以良好的工作态度对待工作，努力去提高自己的水平，成为一个综合素质较高的优秀员工。

工作箴言

　　对所有员工来讲，工作都不应该只是谋生的手段，而应是使命。当你用心工作，忠于职守，成为一种习惯时，不管你从事的工作有多么卑微，都应该把工作作为事业来对待。即使在最平凡的工作岗位上，也要不断地去提升自己的工作能力，在公司提供的平台上发展自己，成就自己，要学会以一种坦然的态度来享受事业的发展。

不是"要我做"而是"我要做"

在现实世界里，幸福不会从天而降，成功也不会无缘而来。所有美好的东西，无不需要我们主动去争取。

卡耐基曾经说过："有两种人永远将一事无成，一种是除非别人要他去做，否则，绝不主动去做事的人；另一种则是即使别人要他去做，也做不好事的人。那些不需要别人催促就会主动去做应该做的事，而且不会半途而废的人必将成功。"不难发现，前两种人面对工作的心态皆是消极被动的，在他们看来，只要自己平时不迟到，不早退，把领导交代的工作完成了，就能心安理得地去领工资了。殊不知，对企业管理者而言，他们最需要的是能发扬主动精神，变"要我做"为"我要做"的人才。

要知道，如果一个人总是消极被动地去工作，那他是永远都无法获得成功的。反之，如果一个人能积极主动地开展自己的工作，成功就会离他越来越近。

兄弟三人在一家公司上班，但他们的薪水并不相同：老大的周薪是350美元，老二的周薪是250美元，老三的周薪只有200美元。父亲感到非常困惑，便向这家公司的老总询问为何兄弟三人的薪水不同。

老总没做过多的解释，只是说："我现在叫他们三个人做相同的事，你只要在旁边看着他们的表现，就可以得到答案了。"

老总先把老三叫来，吩咐道："现在请你去调查停泊在港口的船，船上皮毛的数量、价格和品质，你都要详细地记录下来，并尽快给我答复。"

老三将工作内容抄录下来之后，就离开了。5分钟后，他告诉老总，他已经用电话询问过了。他通过打电话就完成了他的任务。

老总又把老二叫来，并吩咐他做同一件事情。一个小时后，老二回到总经理办公室，一边擦汗一边解释说，他是坐公交车去的，并且将船上的货物数量、品质等详细报告出来。

老总再把老大找来，先将老二报告的内容告诉他，然后吩咐他去做详细调查。两个小时后，老大回到公司，除了向总经理做了更详尽的报告外，他还将船上最有商业价值的货物详细记录了下来，为了让总经理更了解情况，他还约了货主第二天早上10点到公司来一趟。回程中，他又到其他两三家皮毛公司询问了货物的品质和价格。

观察了三兄弟的工作表现后，父亲恍然大悟地说："再没有比他们的实际行动更能说明这一切的了。"

所谓的主动工作，其实就是在没有人要求我们做的情况下，我们依然能够自觉并出色地做好事情。毫无疑问，故事中的老大就是三兄弟中唯一做到了主动工作的人，面对工作，他的反应异常敏锐，头脑极其理智，积极主动地处理问题，想老板之所想，正因为如此，所以他的薪水是三兄弟中最高的。

我们要想在职场上获得成功，就必须改变自己在工作中"要我做"的消极心态，努力培养"我要做"的积极心态，比如主动为自己设定工作目标，主动思考和改进自己的工作方式，主动去开展自己的工作等。

总之，在平时的工作中，只有变"要我做"为"我要做"，我们才能让老板发现我们实际做的比我们原来承诺的更多，我们才会在职场上有更多的机会。如果我们对公司的发展前景漠不关心，总是被动地等待上级安排任务，那就等于将加薪和升迁的宝贵机会拱手让给他人。

小李在一家商店工作，她一直觉得自己工作很努力，因为她总能很快完成老板布置的任务。一天，老板让小李把顾客的购物款记录下来，小李很快就做完了，然后便与别的同事闲聊。

这时，老板走了过来，他扫视了一下周围，然后看了一眼小李，接着一语不发地开始整理那批已经订出去的货物，然后又把柜台和购物车清理干净。

这件事深深地触动了小李，她明白了一个人不仅要做好本职工作，还应该主动地去工作。从此以后，小李更加努力地工作，她由此学到了更多的东西，工作能力也突飞猛进，最终，小李成了这家商店的店长。

不难发现，在工作中秉持"我要做"观念的员工，更受青睐，更容易取得成功。从表面上看，他们似乎比其他员工付出得更多，但是，正因为如此，他们才能获得更多的学习机会、更多的发展机会。反过来说，有些人之所以在工作上止步不前，就是因为他们总是被动地完成上级交代的任务。

我们通过积极主动的工作，为企业做出应有的贡献；企业通过我们的工作获取应得的效益，给予我们报酬，同时，企业还是我们实现人生价值的平台。如果我们在工作中始终抱着消极被动的心态，那无异于在拿自己的前途开玩笑。

我们要学会调整自己的心态，努力变"要我做"为"我要做"，积极主动地去完成工作，唯有如此，我们才能在工作中不断地锻炼自己、充实自己、提高自己。

▰▰▰ 工 作 箴 言 ▰▰▰

主动工作的人，往往责任心也很强，因为他们深刻地意识到，只有主动肩负起自己的职责，才能在工作上有所作为。对工作负责，是最重要的主动精神。身为员工，我们对待工作一定要积极进取，不能总是被动地等待别人来告诉自己应该做什么，而是应该积极主动地去了解自己应该做什么、还能做什么、怎样才能做得更好，然后全力以赴地去完成。

第三章 时刻把责任记在心里

能力是一个人做好事件的条件，但责任感却是一个人成功的基石。有了基石，才能更好地做事，所以责任比能力更重要。当一个人听从内心中职责的召唤并付诸行动时，才会发挥出他自己最大的能量，也能更迅速、更容易地获得成功。一个没有责任心的人，不会花心思想如何将工作做到完美，因为他们只想尽快做完工作，更不会对自己提出任何高要求。

责任心是做一切事情的基础

责任是一个人品格和能力的承载，是一个人走向成功必不可少的素质。在日常生活、工作中，有这样一类人，他们头脑聪明属于"聪明人"一类，但却工作平平，甚至常出纰漏，究其原因，大家的共同看法是，此人缺乏责任心。相反，另一类人并无过人之处，但做事却有着明确的目标，认真做事，诚实做人，与其共事的人也很信赖他。他们就是对人、对事、对工作有强烈责任感的人。

责任就是对自己要去做的事情有一种爱。责任是一切良好美德的表现和基础。有责任的人值得依赖，没有责任的人连一份普通的工作也很难得到，即使他有非凡的能力。责任心是做好一切事情的根基，责任心是成就自我的重要因素。

责任心是做一切工作的基础，当你开始对自己的工作负责的时候，生活也会发生翻天覆地的变化。

那些勤奋、负责的员工往往会在工作中受益匪浅：在精神上，他们获得了愉悦和享受；在物质上，他们也获得了丰厚的报酬。相反，一个对工作敷衍塞责的人，往往是一个对工作毫无兴趣的人。将工作推给他人时，实际上也将自己获得快乐和信心的大好机会拱手送给了他人。

每一名员工都应该尝试热爱自己的工作，即使这份工作不太尽如人意，也要竭尽所能去转变、去热爱它，并凭借这种热爱去担负起责任、激发潜力、塑造自我。事实上，一名员工对自己的工作越热爱，工作越负责，工作效率就越高。这时你会发现工作不再是一件苦差事，而是变成了一种乐趣。要想掌控你的工作，就要有强烈的责任心。

责任感是成就事业的根基，也是评价一个员工是否优秀的重要标准。一个没有责任感的人，失去了社会对他的认可，失去了周围人对他的尊重和信任，失去了锻炼自己的机会，失去了成为一名优秀员工的条件。而一个有责任的人，能够得到领导的欣赏，能够得到别人的信任。

职场是最看重效果的地方，即使你再有能力，如果不够认真负责，也不可能创造出真正的价值，终将会被社会淘汰。

TNT 快递是世界上最大最安全的快递之一，而成就这个神话的公司一直教育员工要有这样的理念：每一个顾客的包裹都很珍贵，不允许有一丁点儿有辱使命的失误。

TNT 北亚区董事总经理迈克·德瑞克对这一理念做了最好的贯彻。

迈克起初只是 TNT 的一名普通业务员。在工作中，迈克总是积极主动做事,对工作负责,所以他的业绩很好。过了一段时间,迈克已经从销售员升职到大区销售经理。在迈克·德瑞克看来,世界领先的客户服务是实现公司快速增长的关键,这些带来成功的要素包括:可靠、有价值、持之以恒,还有负责到底。迈克·德瑞克多次强调:"我们有信心提供给客户最好的服务。"

至今,迈克仍坚持每个星期都会跑到不同的城市去和一线的员工交流,听取他们的意见,主动解决问题。他知道自己作为公司在亚洲区域的负责人,有责任为公司创造出更多的价值和利润,因此,他在任何事情上都用了100%的努力。

责任感可以是主动的,也可以是被动的。如果把责任感当作是被动的,时间长了我们就会觉得这是别人强加给自己的负担。然而,如果把责任感当作是主动的,我们就会主动积极地投入到工作中,勇敢地挑战自己。对于一个真正负责的人,他从内心想把一件事做好,即使在没有任何要求或命令他要去做的情况下,他也会积极主动去做。正如美国总统林肯所说,"人所能负的责任,我必能负;人所不能负的责任,我亦能负。"只有这样,你才能磨炼自己,求得更高的知识而进入更高的境界。

我们一定要谨记,责任感是我们做任何事情的基础。在工作当中,如果我们缺乏责任感的话,那么最后只能成为一个一事无成、浑浑噩噩的人。因此,我们需要培养自己的责任感,并让它成为我们工作当中的最佳伙伴。

工作箴言

　　拥有责任感是事业成功的基本条件。而"责任"就是知道你的职责所在，并努力完成它。因此，责任感能够帮助我们建立起一个个目标，有了目标我们就能清晰地知道自己在做什么，做到什么程度；有了责任，才能够不懈地努力坚持下去，并最终帮助我们在团队中实现自己的价值。

对工作负责，就是对自己负责

责任，是工作的使命，是敢于担当的勇气，是责无旁贷的义务。责任既是一种严格自律，也是一种社会他律，是一切追求成功和进步的人们基于自己的良知、信念、觉悟，自觉自愿履行的一种行为和担当。

一个人生活和事业的发展都离不开责任的推动。在工作当中，有些人过度地强调能力的重要性，认为人必须要有能力完成自己的工作才能取得成功，把责任放在一个次要的位置上面。殊不知，对责任的忽视往往会影响一个人事业的长远发展。事实上，只有能力与责任共有的人，才是企业真正需要的人才。责任对个人及企业的重要影响难以估计，要真正把负责精神贯彻于整个工作和行动之中，让负责任成为人们的工作习惯，从而把握成功的先机。

1920 年的一天，美国一个 12 岁的小男孩正与他的伙伴们玩足球，一不小心，小男孩将足球踢到了邻近一户人家的窗户上，一块窗玻璃被击碎了。一位老人立即从屋里出来，勃然大怒，大声责问是谁干的。伙伴们纷纷逃跑了，小男孩却走到老人跟前，低着头向老人认错，并请求老人宽恕。然而，老人却十分固执，小男孩委屈地哭了。最后，老人同意小男孩回家拿钱赔偿。

回到家，闯了祸的小男孩怯生生地将事情的经过告诉了父亲。父亲并没有因为其年龄还小而开恩，而是板着脸沉思着一言不发。坐在一旁的母亲为儿子说情，开导着父亲。过了不知多久，父亲才冷冰冰地说道："家里虽然有钱，但是他闯的祸，就应该由他自己对过失行为负责。"停了一下，父亲还是掏出了钱，严肃地对小男孩说："这15美元我暂时借给你赔人家，不过，你必须想办法还给我。"小男孩从父亲手中接过钱，飞快跑过去赔给了老人。

从此，小男孩一边刻苦读书，一边用空闲时间打工挣钱还父亲。由于他人小，不能干重活，他就到餐馆帮人洗盘子刷碗，有时还捡捡破烂儿。经过几个月的努力，他终于挣到了15美元，并自豪地交给了他的父亲。父亲欣然拍着他的肩膀说："一个能为自己的过失行为负责的人，将来一定会有出息的。"许多年以后，这位男孩成为美国的总统，他就是里根。

后来，里根在回忆往事时，深有感触地说："那一次闯祸之后，我懂得了做人的责任。"

在任何一家企业，只要你勤奋工作，认真、负责地坚守自己的工作岗位，你就肯定会受到尊重，从而获得更多的自尊心和自信心。不论一开始情况有多么糟糕，只要你能恪尽职守，毫不吝惜地投入自己的精力和热情，渐渐地，你会为自己的工作感到骄傲和自豪，也必然会赢得他人的好感和认可。以主人翁和责任者的心态去对待工作，工作自然就能够做得精益求精。

如果想要在事业上有更多收获，取得更大的成功，那就去做一个负责任的人。伟大并不是来源于惊天动地的辉煌，它可能只是最初的一个小小的愿望，这个愿望是想要对社会做一点点事，是要承担一点小小的责任。就是这样"小"的一个出发点，最后却能让人越走越远，收获越来越多。这是因为一个责任感越强的人，收获的也就越多，拥有的机会也就越多，因此，也越容易成功。

杨绛先生百岁诞辰之际，中央电视台《读书时间》专门做了一期专题节目。现场嘉宾一共两位，三联书店的总编辑李昕是其中一位。节目中，李昕谈到了杨绛夫妇的精神境界和高风亮节，他们三十多年不换房，不装修，不买家具，但是他们捐出两人全部的版税超过 1000 万元，在清华大学设立了一个"好读书基金会"，扶助贫困学生。

节目播出后，帮杨绛先生料理版权的友人吴学昭，特意给李昕打来电话："你们这期节目做得不错，杨先生看了很高兴。但她发现你有个地方讲错了。"李昕听了心里一惊，忙问："什么地方？"吴学昭回答说："杨绛夫妇在清华大学设立的是'好读书奖学金'，但是被你说成'好读书基金会'了。她说，设立奖学金比较简单，但建立基金会就不同了。那是得按国家有关规定成立的非营利性法人，需有规范的章程，有组织机构和开展活动的专职工作人员，还要申报民政部门批准，才可向公众募捐。这两个概念不能混淆。所以杨先生让我告诉你，今后若是再提到此事，一定要把说法改过来，不要一错再错，造成别人以讹传讹。"李昕听了，深感惭愧，请吴学昭代自己向杨先生道歉。

虽然只是个小错误，但杨绛先生的严谨和认真，令人受教。杨绛先生之所以令人敬仰和钦佩，正是得益于她这种一丝不苟的治学态度，这既是对自己负责，也是对他人负责。

每个人在工作中都希望能够不停地升职，不停地增加薪水，可事实上并不是所有人都能如愿以偿。有些人在工作中能够如鱼得水，独当一面；而有些人却在工作中平平淡淡，碌碌无为。到底怎样才能在工作中收获更多？相信每个身在职场的人和将要步入职场的人都想知道答案。

通过对职场现状的研究，我们不难发现，那些有责任感，有使命感，愿意付出，积极承担责任，有问题不推脱，有困难不逃避的人总能在工作中收获成功。简而言之，对工作负责才能取得好的业绩。遗憾的是，并不是每个人都能深刻理解这个道理，因为责任贯穿在工作的方方面面。做到对工作负责远比用嘴巴说说自己愿意负责难得多。行胜于言，在工作中，尽力去做一个负责的员工，对自己的工作负责，让老板赏识，让机会降临，你会在工作中收获更多，成功也会变得越来越容易。

不要将自己该做的事推向他人，不要将今天该做的事推向明天，越逃避越失败，越失败的人越习惯逃避。因为很多时候，并不是我们选择成功，而是我们做了我们该做的事，承担了属于我们的责任，成功才来得水到渠成。

工 作 箴 言

责任越大，机会越多。谁承担了最大的责任，谁就拥有最多的机会。工作没我们想的那么可怕，成功也没有我们想的那么难。只要愿意去付出并敢于承担责任，愿意为自己的工作努力，我们就能做出业绩，取得成功。

对待工作要积极进取

进取心是一种极为难得的美德，它能驱使一个人主动地去做应该做的事。一个有进取心的人，永远不会满足于现状，而只会坚持不懈地向着目标奋斗。

不难想象，人类如果没有进取心，社会就永远不会进步。正如鲁迅先生所说："不满是向上的车轮。"社会之所以能够不断地发展进步，一个重要的推动力量，就是我们拥有这只"向上的车轮"，即我们常说的进取心。积极进取，始于一种内心的状态，当我们渴望有所成就的时候，才会积极主动地冲破限制我们的种种束缚。

在这个世界上，没有一个成功人士是不求上进的。正因为他们从不满足于当下的工作，所以他们总是不断地努力。为了拥有一个更大的舞台，为了成就一番骄人的事业，他们愿意倾尽所有，不断奋发向上。

拿破仑·希尔曾经聘用了一位年轻的小姐当助手，替他拆阅、分类及回复私人信件。当时，她听拿破仑·希尔口述，记录信的内容。她的薪水和其他从事相类似工作的人基本相同。

有一天，拿破仑·希尔口述了下面这句格言，并要求她用打字机把它打下来："记住：你唯一的限制就是你自己脑海中所设立的那个限制。"

当她把打好的纸张交还给拿破仑·希尔时，她说："你的格言使我有了一个想法，对你、对我都很有价值。"

其实，这件事并未在拿破仑·希尔脑中留下特别深刻的印象，但从那天起，拿破仑·希尔可以看得出来，这件事在她脑中留下了极为深刻的印象。她开始在用完晚餐后回到办公室来，开始做一些并不是她分内且没有报酬的工作。

她开始把写好的回信送到拿破仑·希尔的办公桌来。她已经研究过拿破仑·希尔的风格，因此，这些信回复得跟拿破仑·希尔自己所写的一样好，有时甚至更好。她一直保持着这个习惯，直到拿破仑·希尔的私人秘书辞职为止。

当拿破仑·希尔开始找人来补私人秘书留下的空缺时，他很自然地就想到了这位小姐。因为在拿破仑·希尔还未正式给她这项职位之前，她其实就已经主动地做了这个职位的工作。这位年轻小姐的办事效率太高了，因此，她引起了其他人的注意，别的地方开始提供很好的职位给她。拿破仑·希尔已经多次提高她的薪水，她的薪水现在已是她当初来拿破仑·希尔这儿当一名普通速记员薪水的四倍。她使自己变得对拿破仑·希尔极有价值，因此，拿破仑·希尔不能失去她这个帮手。

　　这位年轻小姐对待工作的积极进取，不仅让她成功拿下秘书的职位，薪水翻了好几倍，还让她成了一位抢手的员工，连老板拿破仑·希尔都担心她会另谋高就。

　　这个故事告诉我们一个道理：一个人越是不满足当下的工作，在工作上越是积极进取，他就越容易登上成功的巅峰。

　　所以，身为员工，我们对待工作一定要积极进取，不能总是被动地等待别人来告诉自己应该做什么，而是应该积极主动地去了解自己应该做什么、还能做什么、怎样才能做得更好，然后全力以赴地去完成。

工作箴言

　　强烈的责任感能激发一个人的潜能。无论你从事什么样的职业，只要你能认真地、勇敢地担负起责任，你所做的就是有价值的，你就会获得别人的尊重和敬意。只要你想、你愿意，你就会做得更好。

全心全意，尽职尽责

通过观察那些在职场中获得成功的人，我们不难发现，这些人不论做什么事情，都是"身在其位，心谋其事"，认认真真把本职工作做到位，所以，他们往往能在平凡的岗位上做出不平凡的业绩，也正因为如此，他们总能在职场中获得成就梦想的机会。

只有忠实地对待自己的工作，忠诚地对待企业，充分地使自己发挥出应有的作用，才能巩固你现有的位置。在老板的眼中，永远不会有空缺的位置。如果你想与自己的位置保持一种长期性的关系，那么你就应"在其位，谋其事"，坚持把工作做到位。

每个职位，对企业的生死存亡都起着至关重要的作用。如果有哪位员工在其位而不能谋其事，那么其所在位置的运作就会出现问题。而当一个位置的价值得不到充分体现时，就会直接削弱整个企业的生命力。

在现实中，我们发现，有些员工"身在其位，心谋他政"，眼睛盯着更好的职位，慨叹自己空有一身才华却无处发挥，在抱怨中度日。这样的员工是不称职的，而且还会错过很多宝贵的发展机会。

在其位就要谋其事，这是一个人负责任的最好表现，说明你对自己所从事的工作有信心和热情。只要你认准了目标，有一份自己认同的工作，那么就要认真努力地去做。在努力工作的过程中，你会熟悉技艺，并锻炼出稳健、耐心的性格。同时，你踏实工作的作风，也会赢得同事的认同、老板的欣赏，这些反过来又会促进你工作的提升。

张洪是一家汽车公司的区域代理，他每年所卖出去的汽车比其他任何经销商都多。甚至销售量比第二位要多出两倍以上，在汽车销售商中，实属重量级人物。

当有人问及张洪成功的秘诀时，他坦言相告："有一件事许多人没能做到，而我做到了，那就是我建立了每一位客户的销售档案，我相信销售真正始于售后，并非在货物尚未出售之前。"

张洪每个月都会给客户寄一封不同格式、不同颜色信封的信（这样才不会像一封"垃圾信件"，在还没有被拆开之前，就给扔进垃圾桶），顾客们打开信看，信一开头就写着："祝你今天好心情，愿你天天好心情！"接着写道："祝你天天快乐，张洪敬贺。"

顾客们都很喜欢这些卡片。张洪自豪地说："我给所有的顾客都建立了档案，我会根据他们的兴趣爱好的不同，分别给他们寄不同的卡片。而且，给同一客户寄的卡片中，也绝不会有雷同的卡片。"张洪通过这些细致的工作，赢得了良好的口碑和很多回头客，而且很多顾客还介绍自己的朋友来张洪这儿买车。

应当指出，张洪的这些做法绝不是什么虚情假意的噱头，而是一种爱心、一种责任感、一种高明的销售技巧的自然流露，更是把事做到位、做到细节上的具体体现。

张洪说："真正出色的餐馆，在厨房里就开始表现他们对顾客的关切和爱心了。当顾客提出问题和要求时，我会尽全力提供最佳服务。我必须像个医生一样，他的汽车出了毛病，我也为他感到难过，我会全力以赴地去帮他修理。我见到老顾客如同见到老朋友一样自然，我要了解他们，至少不会一无所知。但是如果没有档案的帮助，在重见他们时我肯定会像与陌生人头回见面一样，重复一些不必要的麻烦，心里的距离感也会拉大，这将极不利于我的销售工作。"

如果你正在为留住客户而感到有些力不从心，你是否也试着从一些细节入手呢？

虽然寄卡片是一件很小的事情，但它却给张洪带来了巨大的利益，不但使他成了销售的榜样，也让他特别开心。因为他带给了顾客温情，自己也感受到了快乐。有许多人往往不肯把事情做得全心全意、尽职尽责，只用"足够了""差不多了"来搪塞了事。结果因为他们没有把根基打牢，所以没多久，便像一所不坚固的房屋一样倒塌了。而成功的最好方法，就是做任何事都全心全意、尽职尽责。

做任何事都全心全意、尽职尽责，不但能够使你迅速进步，并且还将大大地影响你的性格、品行和自尊心。任何人如果要瞧得起自己，就非得秉持这种精神去做事不可。

全心全意、尽职尽责是追求成功的卓越表现，也是生命中的成功品牌。如果一个职业人士在工作中技术精湛、本领过硬、态度严谨，那么他必定能出类拔萃、脱颖而出。

美国独立企业联盟主席杰克·法里斯，13岁时在父母的加油站工作。法里斯想学修车，但父亲安排他在前台接待顾客。当有汽车开进来时，法里斯必须在车子停稳前就站到车门前，然后忙着去检查油量、蓄电池、传动带、胶皮管和水箱。法里斯注意到，如果自己干得好，大多数顾客还会再次光临。于是，法里斯总是会多干一些活，如帮助顾客擦去车身、挡风玻璃和车灯上的污渍。

有一段时间，一位老太太每周都开着车来清洗和打蜡，但车内地板凹陷极深，很难打扫。而且，这位老太太每次在法里斯为她把车准备好后，都要再细致地检查一遍，经常会让法里斯重新打扫，直到车内没有一缕棉绒和灰尘，她才满意地离开。终于，有一次，法里斯无法忍受了，他觉得这位老太太很难打交道，不愿意再为她服务。这时，他的父亲告诫他说："孩子，你要时刻牢记，这是你的工作！不管顾客说什么或做什么，你都要认真负责而且以应有的礼貌去对待顾客。"

父亲的话让法里斯受益匪浅，且对他的一生都影响深远。法里斯曾说："正是加油站的工作使我了解了严格的职业道德和应该如何对待顾客。这些东西在我之后的职业经历中起到了非常重要的作用。"

全心全意，尽职尽责。既然选择了这份工作职业，就应该接受它，努力地做好——这才是成为职场最可贵员工的必要条件之一。令人遗憾的是，有些员工总是被动地适应工作，工作上的事向来得过且过。他们固执地认为自己在其他领域或许更有优势，更有光明的前途，从而导致他们无法把全部的热情与精力投入到工作中。还有一部分员工盲目追求高薪酬和舒适的工作环境，蓦然回首，才发现自己在碌碌无为中虚度了年华。

而那些选择全心全意、尽职尽责工作的人，或者拥有了一技之长，或者拥有了丰富的管理经验，分别成为各个领域里的"专家"，企业里的"一把手"。试想，有哪个企业不喜欢这些在其位谋其事、勇于负责任的员工呢？所以，无论从事什么工作，只要已经着手了，就千万不要心猿意马，过度沉迷于那些不切实际的诱惑中。否则，今天消极怠工的代价，就是明天踏上寻找工作的征程，这代价未免太大了。

工 作 箴 言

全心全意、尽职尽责地工作，把该做的工作做到位，并且精益求精。把以前有过的欠缺和空白补上，而且要比你的同行和前辈做得更多，要比自己和他们的预期做得更好，要使老板对你的表现赞叹不已。这样，你自然就会得到更多的回报。

第四章 卓越，从爱岗敬业开始

一个人即便没有非常出色的才能，但是只要能够拥有爱岗敬业的精神，就一定会获得人们的尊重。就算你的能力没有人可以超过，但是，没有了最为基本的职业道德，你依然会遭到社会的遗弃。爱岗敬业实际上不只是一个概念，更是一种实际的行动。如果我们可以将爱岗敬业当成一种习惯，那么，我们会发现，不但在工作中能够学习到各种各样的知识，而且还可以全心全意、尽职尽责地快乐工作。

敬业让你更卓越

爱岗敬业就是喜欢、热爱自己的工作，全身心地投入其中。在工作中，做好自己该做的事情，这不仅是我们每个人的义务，更是一种责任。因此，我们每一个人都应该担负起自己的责任，在自己的岗位上用心地做事。你所在职位不管高低，都是整个企业运转不可或缺的一部分，你的认真态度、你的责任感是企业前进不可缺少的能量。

企业需要爱岗敬业的员工作为支撑。一家企业如果没有一批爱岗敬业的员工存在，那么一定是走不远的，也不可能有长久的发展。因此，从企业层面来说，企业需要爱岗敬业的员工。

我们个人也需要爱岗敬业。不光是企业需要员工有爱岗敬业的精神，我们个人也需要爱岗敬业来让自己得到提升。

我们都知道，现实社会中每一个工作岗位都是客观存在的，一个社会，现代化程度越高，分工就越明确，对从业工作者的人员素质要求也就越高。

在工作中，假如我们没有爱岗敬业的精神，那么就不能成为一个合格的员工，也就难以担当重任。工作是自己选择的，对自己选择的工作都不能重视或者尊重，谁还敢把重要的任务交给你来完成呢？

李嘉诚之所以成为香港的首富，实际上和他爱岗敬业的精神是分不开的。李嘉诚在 14 岁的时候，由于家庭生活条件窘迫，只好中途辍学。过早地踏入社会，让他早早就尝到了生活的艰辛。

最开始的时候，李嘉诚在一家茶楼做跑堂。香港人习惯吃早茶，店伙计需要每天在早上 5 点赶到茶楼。于是，李嘉诚每天天还没有亮，就起床赶到茶楼。在茶楼的工作非常辛苦，有时候，工作时间超过 15 个小时。那个时候，李嘉诚是地位最低的伙计，大伙计们休息的时候，他还要在茶楼中招呼客人。等到晚上，客人最多。打烊的时候，都已经夜深人静了。李嘉诚常常是累得两眼发黑、双腿发软。后来，李嘉诚对自己的儿子说起这段经历的时候，非常感慨地说："我那个时候最大的愿望，就是美美地睡上个三天三夜。"

虽然想是这样想，但是，他丝毫没有懈怠。当时经营钟表公司的舅父送给了他一只小闹钟。李嘉诚于是将闹钟调快 10 分钟，从此，他从没有迟到过。后来，他的这个习惯竟然保留了有大半个世纪。

正是由于体会到找工作的艰辛，才让李嘉诚更加珍惜他所获得的工作。他的爱岗敬业和勤勉很快就得到了老板的赏识，而且，他也得到了加薪。

在茶楼工作了两年，李嘉诚看到了各种各样的人和事，他学到了很多在书上根本就学不到的东西，生活的残酷让他有了出人头地的欲望。

17岁的时候，李嘉诚离开他工作了很久的茶馆，来到一家塑胶厂当推销员。推销产品更加辛苦，他需要到处跑，然而，他对此早就习以为常了。在塑胶厂，他善于动脑筋，根据不同的对象，去推销不同的产品。而且他的爱岗敬业精神是大家有目共睹的，很快，年仅20岁的他就成为业务经理。

可以说，年轻的李嘉诚就是通过自己的刻苦、爱岗敬业，让他在艰苦的工作中站稳了脚。在随后的几十年中，他一直保持着这种态度，并最终开创了属于自己的事业。

一个人行走在职场，工作中爱岗敬业，表面上是为企业、为上司，实际上是为自己。爱岗敬业的职员，能从工作中学到比别人更多的技巧，而这些技巧便是你向上的阶梯，不管你在何方，爱岗敬业的精神一定会给你带来巨大的帮助。

简单地说，爱岗敬业有两个好处：一是可以提高你的职业技能，有利于以后的发展；二是你可以把工作完成得更好，对企业和上司负责，会得到赏识和重视。

具备爱岗敬业精神的员工之所以会受重视，是因为他们认识到爱岗敬业精神是一种优秀的工作品格。这样的员工会为企业的发展做出真正贡献。很显然，他们自己也会因此而实现自己的价值。

从这一点来讲，爱岗敬业的员工才是老板重视的员工，也是最容易取得成就、实现卓越人生的员工。

成功者和失败者的区别在于：成功者不管做什么，都力求达到最好，丝毫不会松懈，不会敷衍了事；而失败者则正好相反。

汤姆和乔治是好朋友，两个人大学毕业时，恰逢经济萎靡不振的时期，很难找到合适的工作，于是，他们便降低了要求，到一家公司去应聘。这家公司正好缺少两个打扫卫生的工人，就问他们愿不愿意干。汤姆稍加思考，便下定决心干这份工作。

尽管乔治根本瞧不起这样的工作，但因为还找不到更好的工作，便也留了下来。他上班拖拖拉拉，每天打扫卫生时一点也不认真。一次，两次，三次，老总认为他刚从学校毕业，缺乏经验，再加上恰逢经济危机，便容忍了他。然而，乔治内心深处对这份工作没有一点热情，每天都是敷衍了事。刚干满一个月，他便离开了，又回到社会上重新开始找工作。当时，社会上到处都是失业人员，哪儿又有适合他的工作呢？

与他相反，汤姆在工作中丢掉了自己作为高才生的自豪感，始终把自己当作一个普通工人看待，每天把楼道、车间、办公室都打扫得干干净净。半年后，老总便安排他给一位高级技工当学徒。由于工作积极认真，一年后，汤姆成了一名技工。虽然如此，他依旧抱着一种高度的爱岗敬业精神，在工作中不断进步，尽心尽力。两年后，经济动荡的局面慢慢稳定后，他被提拔为老板的助手。而乔治此时才刚刚找到一份工作，是一家工厂的学徒。可是，他认为自己是高等学历拥有者，应该属于白领阶层。结果，把活儿干得一塌糊涂，被辞退后只能再去寻找新的工作。

从这个故事中我们可以看到一个有爱岗敬业精神的人和一个缺乏爱岗敬业精神的人之间的差距。

因此，必须时刻记住，我们的未来与我们的工作态度紧密相连。如果没有好的工作态度，没有爱岗敬业精神，我们就很难在工作中取得成就，甚至很难保障自己的生活。

只有成为一名爱岗敬业的员工之后，我们才能够在工作中找到自己的方向、找到自己的位子。爱岗敬业能够给我们带来太多太多，我们的工作能力会在爱岗敬业中得到提升，我们的口碑会在爱岗敬业中得到彰显，我们的人生也将会在爱岗敬业中得到升华！

工作箴言

爱岗敬业是每一位优秀员工都应当具备的品质，因为有了爱岗敬业这一品质，我们才能够变得优秀，才能够让自己的事业从平庸走向卓越！

热爱工作，在工作中成就自己

一位企业家说过这样的话："假如一个人能够把工作当成事业来做，那么他就成功了一半。"为何要这样说呢？同样的一件事，对于那些把工作当作事业的人来讲，他们会执着追求并力求完美；而对于视工作为谋生手段的人来说，他们是出于无可奈何才这样做的。执着追求比无可奈何的效果显然要强无数倍。

把工作当成事业，无论什么工作，都尽力做到最好。这样的员工从不妄想一举成功。他们会保持快乐的心情，努力工作，拼搏进取，力争精益求精。将工作当成自己的事业，就会因此激发出无尽的激情与动力，自己的潜力也会得到最大限度地提升。在自己的努力坚持下，业绩不断腾飞，每一个小小的成功，都会收获巨大的幸福感。这样信心就会越来越足，不断超越自我，追求上进。此时，工作对自己来说不是一种苦痛，而是一种乐趣。

假如你在工作时，想的只是工资和考勤，只是怎样敷衍上司，那么你所干的工作只能是再平凡不过的小事，还不一定胜任得了；假如你不只是为了工资而工作，还在为你的前途、为你的企业工作，把手中的工作当成事业来看待，那么，你一定会把工作做得非常好。

把工作当成事业，你会时时刻刻保持热情。这种对人生目标的热情，会产生巨大的能量，使我们对工作怀有巨大的责任感，也一定能够让我们在岗位上成就卓越的人生！

热爱工作，就是一个人保持自发性，就是把自己的每一个神经都调动起来，去完成自己内心期望实现的目标。热爱工作是一种强有力的工作态度，一种对人、事、物和信念的强烈感受。一个热爱工作的人也一定是一个在工作中有热情的人，他也一定能够在工作中用心地去工作。

有这样一个理论，人的价值＝人力资本＋工作热情＋工作能力。意思是说，一个人假如在工作中没有了热情，那么他的价值也就无从谈起。没有工作热情的人，工作时一定是盲目的，整天在浪费时间，应付了事，等下班、等发工资、等放假……这样的员工，何谈尽心尽力工作呢？

事实上，工作热情和工作能力并不是处于同一个位置上的。工作热情是工作能力的条件和基本因素，工作热情可以增强工作能力。有了工作热情，才可以将工作做好。没有了工作热情，整天浪费时间，那么只会是越干越无聊。

工作热情不是课堂上教师传授给我们的知识，也不是书本上每天背诵的理论，更不是父母天生就给我们的。它是对生命、对工作的高度痴狂，对社会、对他人的一片真诚，对技能、对理论的无限期望，对人生、对梦想的美好向往，是用真心点燃的爱的焰火，是以快乐的心情去打造、去行动的源泉。

工作热情来自你对工作的热爱，当你不能在工作中找到激情和力量时，请再一次反思你所从事的工作吧。无论哪一种工作都有它自身的魅力。

公事公办式的职业方式在你眼里很可能是不切实际的，你可能会认为，上司给我涨点工资可能就会改变我的工作状态。事实上，这时你缺少的不是金钱，而是工作的热情。

假如我们有了工作热情和端正的工作态度，那么在不久的未来，我们一定可以取得良好的工作成绩。

工 作 箴 言

热爱工作是我们让自己创造更多佳绩的必备条件。这是一种爱岗敬业的行为，也应该是我们每个人都应当学习的行为。不管从事什么职业，不管你的单位是好是坏，你都应该热爱工作、用心工作。在工作中，只有历练自己，不断地提高自己，才能够让自己在工作中实现突破。

主动工作，让机会多一点

不要觉得你所工作的企业只是老板一个人的，你工作做得好坏，直接关系到了你自己的职业发展。经常抱怨的人，很容易成为"按钮"式的员工。他们常常是按部就班地工作，缺乏活力，时刻需要人监督。在老板不在的时候，他们可能就会偷懒，实际上这是在自毁前程。

不管我们在做什么样的工作，都不应该把自己当作是打工的人，我们要把企业当作是自己的来看待，把工作当作是自己的事业。这样一来，我们在工作的时候就会更有激情，更加负责，而且也会更加主动，你所得到的也不只是工作给你带来的成就感，还会有很多的机会。

王慧和黄娇在同一家公司工作，他们工作的内容基本一样，然而，两个人却有着非常大的差距。

王慧每天都是第一个来到公司的员工。来到办公室之后，她就开始认真做好当天的计划，并开始整理材料，利用空余的时间来学习其他的业务知识。她每天早晨都会看几页书，遇到了问题，总会想一下怎么样做会更好一点。刚开始的时候，老板并没有注意到她，同事们觉得她的这种行为很古怪，甚至有点排斥她。然而，她并不在意，依然非常认真地工作。

黄娇则不一样，她来到公司后，虽然说也没有迟到过。但是在工作的时候从来不主动，没有一点热情，总觉得自己工作是给老板工作，于是，她常常偷懒。她完成了老板交给的任务后，就去玩游戏，也不愿意去找老板再给自己分配点其他的工作。

就这样，半年过去了，王慧的表现越来越好，她的工作效率非常高，给公司创造了很多利润。老板很看重这个年轻人。没过多久，她就获得提拔，在薪酬上也有了很大的提升。但是，黄娇依然还是拿着那么一点儿底薪，做着原来的工作。

在当今社会中，职场上有很多对工作消沉的人一定要在上级盯着的情况下才能够好好地工作。要不然的话，他们就会偷懒，老板给多少任务就完成多少，多干一点活都觉得很委屈。但是，你想过没有，与其这样每天浑浑噩噩地混日子，还不如好好利用自己的业余时间来多干点工作。完成了本职工作，还可以积极主动地做一些其他的事情。如此下去，一天两天也许看不出什么变化，但是，时间久了，你就会发现，自己做了好多事情，能力也在慢慢地提升。自然而然地，就能够得到更多的机会。

对于那些成功的人来说，不管面对的工作是简单的还是复杂的，不管对工作有没有兴趣，他们都会主动去做事情、找解决的办法。甚至，他们可能比老板更加积极。这种主人翁的意识当然可以帮助一个人获得更好的发展。

一个人想要取得更大的成就，就要具有自动自发的精神。即便我们面前的工作非常无聊，也不应该找借口推托。

在我们的生活中，有两种人永远都一事无成，一种就是那些除非别人要他去做，否则他绝对不会主动去做事的人；而另一种人则是那些别人要求他做，他也不好好去做，做不好的人。那些不需要别人催促，就主动去做事情的人，他们不会半途而废，因为他们知道，付出得多，回报得也多。然而，让人感到遗憾的是，在日常工作中，很多员工并不能做到这一点。他们不去主动做事，工作态度也很差。在接到指令后，还要等到老板具体告诉他每一个项目可能会遇到的问题。

他们根本就不去借鉴过去的经验，也不会去思考这次任务到底和以前的任务有什么不同，是不是应该有什么地方需要提前注意。他们在工作中投入得很少。他们遵守纪律、循规蹈矩，但是没有一点儿责任感，只是非常机械地将自己的任务完成，一点儿创造性也没有。在老板看来，这样的员工根本就不会有发展。

很多人在工作中，没有了领导委派的任务就不知道该做什么了，也不知道自己的工作重心在哪里，应该怎么做。真正爱岗敬业的员工是绝对不会这样的，很多时候，他们会积极主动地找事情做。

如果一个人在职场中能够得到长期的发展，那么，他一定是一个爱岗敬业的人，是一个能够积极主动地面对工作的人。我们要明白，在工作中，不管我们需要担任的是什么样的任务，都要好好去做。

其实，任何公司都有一套分工明确的责任体系，老板没有太多的时间来给每个员工安排工作。很多时候，需要我们自己去积极主动地寻找工作。我们在开展工作时，就算是能力很强的人，也很难预料会发生什么样的问题，所以，我们在具体的工作中，需要积极地调整步伐。如果所有的事情都需要等待安排，那么，我们又怎么能够做出好的成绩呢？我们必须从等待工作的状态中走出来，做一个爱岗敬业的、积极主动的好员工。

主动的人总是精神饱满、积极乐观。在工作中，他们总是积极地寻求各种解决问题的办法，即使在工作中遇到困难和挫折时也是如此。

作为一名普通员工，我们有理由相信，在工作当中，养成主动工作的习惯一定能够给我们的工作带来不一样的变化。要养成主动工作的习惯，我们也可以为自己制订一个明确的工作计划，并主动去完成它。

工 作 箴 言

养成主动工作的习惯也不是一朝一夕就能完成的，我们必须要培养自己的意志力，从小事做起，把自己当成是企业的主人翁，只有这样，我们才能够逐渐养成主动工作的习惯，并使之成为我们工作品格中最重要的一个"亮点"。

找事做，不分分内分外

日常工作中，我们常常会遇到这样的情形：领导或者同事有时会让你做一些分外的工作。这个时候你应该怎么办？不少人会以"这不是我分内的工作"为借口进行推托，最后即使是做了，也是迫于领导的压力，或是碍于同事的面子，但自己却心不甘、情不愿、气不顺。

"这不是我分内的工作"，这话说起来很容易，但它却反映出一个人的成熟程度。一个有着长远眼光的员工不会说这句话，在他们眼中，工作不分分内分外。他们懂得一个道理：分内的工作是自己应该完成也是必须完成的，而分外的工作是自己在时间允许且完成了本职工作的前提下，能尽量去多完成的事。

很多人都觉得把自己的事做好就行了，那些分外的工作不是自己负责的，做不做都行。别人如果去做了，有些人还很不理解，觉得那些人真是傻。这种看法其实是不正确的。有一些人非常热情，虽然并不是自己应该做的事情，但是，他们依然会去做。因为他们觉得这样有利于他人，有利于大家。而这样的人往往能够赢得他人的好感。这就是一种无私的体现，也是一种爱岗敬业精神的体现。

马克在美国一家律师事务所担任律师助理，有一天中午，办公室的同事们都出去吃午饭了，身体有些不舒服的他一个人趴在桌子上休息。这时，公司的一个董事在经过他们办公室的时候停了下来，他想找一些特别重要的客户资料。

这原本不是马克的分内工作，也不在他的工作范围内，但他却立刻站了起来，对这位董事说道："您好，吉米刚才出去吃饭了，您是想找些资料吗？虽然我一无所知，不过您可以告诉我您需要哪些资料，稍后我会尽快把这些资料整理好送到您的办公室里。"一番热情洋溢的话让这位董事先是愣了愣，然后微笑着点了点头。

没用多久，马克就强忍着身体的不适，细致认真地将这位董事想要的客户资料全部分类整理好，飞速稳妥地送到了他的办公室。在接到自己想找的客户资料后，这位董事显得特别高兴，连连对马克说了好几声"谢谢"，并从此认识了极具服务精神的马克。

比起一些人平庸无味的职场经历，马克的人生际遇可要精彩多了，这件事儿过去不到一个月，他就被提升为这位董事的私人助理。

故事中的马克，做了分外的事，在做这些分外之事时得到了老板的赏识，得到提拔或录用。他似乎是下意识去做的，这些事非常简单，只不过是举手之劳而已，并不需要付出很多，可就是这样的小事，为什么其他的人不去做呢？原因就是，他们没有那种为他人服务的热情和爱岗敬业的精神。

做好自己分内的工作只是我们每个人的职责所在，并不值得对我们提出特别表扬，而时不时地揽下不属于自己的活，在别人眼里却是一种难能可贵的品质，当然值得他人对我们另眼相看，真诚相待。所以，当我们已经把自家门前的雪扫得干干净净，如果还有多余的时间，不妨也主动帮他人清理一下瓦上的霜。

在工作中，经常会有一些"苦差事"。很多人对苦差事唯恐避之而不及，但殊不知，很多时候，那些没有人愿意去做的苦差，恰恰是你展露才能和勇气的非常好的一个机会。这是因为，任何工作都隐藏着一些未知的机会，如果我们能够主动去找事做，那么能够获得的机会也就更多。

黄小伟是一家新公司的文员，他主要负责的工作就是在公司接听电话、打字、复印等，所干的工作也很零散。有一天，总经理的秘书生病没有来，这让领导的办公桌上到处都是杂乱的文件，很多文件还得总经理自己写。总经理每天非常忙，需要处理要事，起草文件，忙得不得了。黄小伟发现了这样的情况，于是，便主动去帮总经理收拾办公桌。他手脚麻利，需要的文件很快就交到总经理手中，速度快、简练，总经理对他有了新的认识。后来，总经理将他升职为自己的秘书，并且还给他加了工资。

假如你可以主动去找事情做而不是等事情做，那么，你会获得更多的乐趣，会获得更多的锻炼，会得到更多的提升机会。时间长了，你在事业上也会获得更多的发展，获得他人得不到的丰厚回报。

在一家公司里，由于事务繁忙的原因，总有职位会出现空缺。就算是在一个人才济济的公司里也是如此。管理者在分配任务的时候，他同时也会在某个细节上出现一些不可避免的疏漏。这个时候，就需要有责任心的员工去查漏补缺，及时补位，让事情防患于未然，积极主动地工作，让工作变得更加完美。

在工作中，我们不要怕多做工作，也不要担心自己想得"太周到"。实际上，工作中我们恰恰非常需要这样的一种"周到"。哪怕事情再多，你也应该多想一想，想得周到，你的职业形象就会更完美，从而，你的老板会更加欣赏和器重你，你就更容易成功。

主动是为了给自己增加机会，为了让自己得到更多的锻炼，增加实现自己价值的机会。在企业中，你拥有了展现自己的平台，具有什么样的结果，发展得如何，那就全靠你自己了。成功永远奖赏那些能抓住机会、积极主动的人。

工作中所有的机会，实际上都是来自于自己的主动争取。那些消极被动的人，永远没有机会，就算他们偶然获得了机会，最后也只能白白溜走。积极主动是一个优秀员工应该具备的基本素质。

我们常常会发现很多人一夜成名，实际上，他们在功成名就之前，已经默默无闻地努力了很久很久。成功是一种累积，不管是什么样的行业，想要攀上顶峰，都需要漫长的努力和精心的规划。

如果你想获得成功，那么，你就需要永远保持主动、率先的精神去面对你的工作。就算你所面对的是毫无挑战和毫无生趣的工作，你也应该做到自动自发、积极主动，直到最后获得回报，取得成功。

工 作 箴 言

作为一名员工，要想在工作中有所作为，取得成功，就不要强调分内分外，除了尽心尽力地做好本职工作以外，还要主动去做一些分外的工作，这对于一个人的成长，往往会产生意想不到的作用。很多时候，分外的工作对于员工来说是一种考验，你能够任劳任怨地工作，能够胜任更多的工作，说明你的能力够强，能够委以重任。

爱岗敬业是事业成功的第一步

爱岗敬业能让人在自己的工作中变得更加优秀，既可以很好地提升自己的业务能力，从而赢得老板的青睐，获得更好的晋升机会，也能够为未来的发展打下基础。

确实是这样，爱岗敬业的人往往可以从工作中获得更多的工作经验，而这些经验就是他们发展的基础，是向上的条件。就算你以后更换工作，从事不同的职业，丰富的经验和好的工作方法也定会带给你强有力的帮助，你从事任何行业都会获得成功。

如果我们可以将爱岗敬业当成一种习惯，那么，我们会发现，不但在工作中能够学习到各种各样的知识，而且还可以全心全意、尽职尽责地快乐工作。不管从事什么样的工作，都需要认真负责、爱岗敬业，让自己可以乐在其中，那么，就算是最为普通的工作，你也能够获得喜悦和成就感。

世界上最伟大的汽车销售员乔·吉拉德，平均每天都能卖出去六辆汽车。

在乔·吉拉德年轻的时候，他曾做建筑生意，但是生意失败，背负了巨额债务，当时他感觉自己没有任何的出路。万般无奈之下，他只好改行去卖汽车。刚开始的时候，他根本就没有将推销员这份工作放在眼里，只不过将其当作是养家糊口的手段而已。

有一次，他经过努力终于将一辆汽车卖掉了。就在那个时候，他的内心有了新的想法。他掸掸身上的灰尘，告诉自己："既然我能做好这份工作，为什么不更加尽心尽力一点呢？"

从此以后，他将所有的心思都放在了工作上。有一回，妻子给他打电话，说他的小儿子住进了医院，让他赶紧去医院。就在他准备回去的时候，一位顾客找上门来，告诉他说新买的汽车刹车不好使，希望他能够尽快处理一下。他没说一句话，马上又投入到了工作中，一干就是几个小时。

当他疲惫地来到医院的时候，妻子已经搂着儿子进入了梦乡。他没有去打扰母子，而是在病房的墙角坐了一夜。等到第二天早上，他又早早地上班去了。

在第二个月，他没有卖出去一辆汽车。不过，即便是这样，他也不失望。他告诉自己，任何工作都是不简单的，假如一遇到问题就开始退缩，那么，情况只会越来越糟。

有了这样的心态之后，他每天坚持用最饱满的热情去工作，无论是有意向的客户还是纯粹好奇的人，他都会一一回答他们的问题。

他的耐心营销最终赢得了很多人的青睐，慢慢地，他又开始做出业绩，并一步一步地成为一名出色的推销员。

看了这个故事，也许你非常钦佩吉拉德的工作能力。但是，我们在欣赏他能力的同时，也不要忘记了他的爱岗敬业精神。他对待工作的态度，他对待每一个人的耐心，最终养成了他爱岗敬业的习惯，也让他获得了事业上的成功。

职场人生的价值主要在于爱岗敬业。也许今天你并不是一个领导，你也不能够去管理其他人，但是你能有效掌控自己；或许你刚刚踏入职场，还不知道如何去面对未来，但是，你能够很好地把握现在。做好了自己的工作，你也就能够获得更多的发展。

我们在工作中不能仅仅只是追求报酬，而应当去追求更高的层次。爱岗敬业是工作中最基本的态度，也是我们实现个人价值最大化的最佳手段。保持爱岗敬业之心、让爱岗敬业成为一种习惯不光只是工作的要求，也是我们实现自身价值的要求。

成功是没有捷径的，成功是一步一个脚印走出来的。成功需要我们长年累月的积累，需要我们不断的付出。但人终究是有惰性的，在实际工作中，很多人根本就不愿意多做一点，多付出一点，他们希望多睡一会儿懒觉，少做一点儿工作，多休息一会儿。

如果一个人，每天都希望多休息一会儿、少做一点儿事情，那么，慢慢地他就会形成这样的习惯，最终会让他陷入平庸。而那些多做一点点，多付出一点点的人才更容易成功。成功与失败实际上就是差了那么一点，你想要成功，就必须主动付出，主动争取。

爱岗敬业是非常难得的一种品质。尤其是那些初入职场的员工。积极的员工可以更加敏捷，做事的效率会更高。不管你是管理者，还是普通职员，只要你能积极主动付出，你就一定可以在竞争中脱颖而出。

爱岗敬业的人，会努力把握自己的人生，从而更好地掌握主动权。为自己的企业负责，也是为自己负责。爱岗敬业的人，通常会与人交流自己的想法和意见，并且，自愿承担一些企业的额外工作。他们会找到自己的长处，他们更了解自己喜欢的工作。爱岗敬业的人更有自信，他们懂得不断地激励自己，让自己获得更多的成长机会。

任何一个人身上都有没被开发的潜能。那些爱岗敬业的人，通常会让自己隐藏的潜能激发出来，他们知道自己的未来，知道如何去工作，他们也就更加容易获得事业上的成功。

当我们将爱岗敬业变成一种习惯时，我们就能够从中学到更多的知识和经验，就能够从全身心投入工作的过程中找到工作的快乐，这种习惯或许不会有立竿见影的效果，但可以肯定的是，它一定能够给我们带来诸多益处。

在职场中，人与人之间的差距与其说是一种能力上的差距，倒不如说是爱岗敬业精神上的差距。无数商业名流的故事告诉我们，在这个社会，走在最前面的永远是那些爱岗敬业的人！

如果不能敬重工作，你就不会敬重企业，不会敬重自己。如果你连一件小事都做不好，那么老板肯定不会把难度高的工作给你做，你也就失去了成长的机会。要知道，你的努力和负责，不只帮助了老板，更是帮助了自己。

无论过去、现在和将来，爱岗敬业是我们在这个世界上所能学到的唯一的生存的本领。既然爱岗敬业如此重要，我们每一个人都应该把它培养成一种习惯，一旦把爱岗敬业培养成一种习惯，它将在我们的人生中起到不可估量的作用。

工作箴言

爱岗敬业一时是简单的，爱岗敬业一世是困难的。但只要我们不轻言放弃，或许要再坚持往前迈进一步，就能推开眼前那道通向成功的门。有意识地将敬业精神培养成为一种工作习惯，我们将受益终生。敷衍了事，得过且过的工作态度不仅会毁了你的工作，还会毁了你的前途和人生。

第五章 一心一意，更专注地工作

一个人要想成就一番事业，就必须心无旁骛、全神贯注于自己的工作，全力以赴于自己的人生目标，这样才会成为最受企业欢迎的员工，才会在自己的人生道路上顺利前行！专注就是一种工作境界，如果我们能持续保持做事的专注力，那么，我们一定能在工作岗位上做出一番骄人的成绩。

专注是一种工作境界

美国成功励志专家拿破仑·希尔，把专注比喻为人生成功的"神奇钥匙"。美国政治家亨利·克莱说："遇到重要的事情，我不知道别人会有什么反应，但我每次都会全身心地投入其中，根本不会去注意身外的世界，那一时刻，时间、环境、周围的人，我都感觉不到他们的存在。"

专注是一种精神，这种精神从古至今都被人提倡和推崇，经典名著《劝学》中说："故不积跬步，无以至千里；不积小流，无以成江海。骐骥一跃，不能十步；驽马十驾，功在不舍。锲而舍之，朽木不折；锲而不舍，金石可镂。"从这句话中，我们可以看出，做事专注能让人达到目的。所以，虽然我们是普通人，但也要立下鸿鹄之志，我们要相信凭借自己后天的坚忍和努力，一定会在工作中做出一番伟大的成就。

汤显祖写《牡丹亭》入了迷，饭不吃，觉不睡。有一次，汤夫人问他饿不饿？他说："我整天都同杜丽娘、柳梦梅、春香打交道，哪里还觉得饿！"

汤夫人一天中午给他送饭，发现书房里空无一人，急忙派人四处寻找，也毫无汤显祖的影踪。后来忽然发现柴房里隐隐传来痛哭声，夫人进去一看，正是他掩面悲恸。原来《牡丹亭》写到《忆女》一场，春香陪老夫人到后花园祭奠死去三年的杜丽娘，悲从中来，低头看见自己身上的罗裙，恰是丽娘生前穿过的，物在人亡，忍不住失声痛哭起来。他说："我正写到，'赏春香还是旧罗裙'一句时，好像自己就是春香，睹物思人，忍不住就哭出声来了！"汤夫人把他从柴堆上拉起来，又是埋怨又是关切地说："快回去吃饭，你这个人呢，就是不知道爱惜自己。"直到这时，他才发觉肚子咕咕作响了。

由于汤显祖全身心地投入创作活动，使《牡丹亭》一问世就轰动了当时的文坛。

在平时的工作中，我们常常可以看到，很多人在写字楼里上班，只要门外面一有风吹草动，他们就马上抬头张望。很显然，正是这种不够专注的工作方式，才使得他们无法在职场上获得成功。

有些人在工作上想法很多，其中也不乏很好的创意，但是我们都知道，要想真正做成一件事情，只有一个好的创意是不够的。做成一件事需要有具体的想法和计划，还要有能够合作的人，更重要的是还要有合适的机会。所以想法太多未必是好事，如果我们不能将自己的精力和时间集中在一件具体的事上，那就很难取得成功。

总之，想法太多而不能专注，只会使我们不断漂移。一个人想要获得成功，就必须专注做一件事。把这件事情从开始的不成熟做到成熟，从开始的不规范做到规范。也许开始的时候还有不少不切实际的想法，但在专注做一件事情的时候，我们会在经验与教训的不断积累中，慢慢找到做事的分寸。对一件事专注的时间越长，越容易从中发现新的东西，也就越容易创新。

牛顿的一生基本上都是在他的实验室中度过的。他每次做实验都会通宵达旦，注意力非常集中。有时候，他还会一连几个星期都待在他的实验室里面工作，不管白天还是黑夜，他一定要坚持把实验做完才停止工作。

有一天，牛顿请了一个非常好的朋友来家里吃饭。可朋友来的时候，他还在实验室里工作。朋友等了很久，依然不见牛顿出来，他感到肚子非常饿，于是，自己先把食物吃了。

等了一会，牛顿的工作做完了，他这才出来。然而，当他看到碗里吃剩的鸡骨头的时候，惊奇地说："原来我已经吃过饭了。"于是，牛顿又回到了实验室中，再次开始忙碌地工作。

不难发现，牛顿工作的专注力非常惊人，他竟然会忘记自己根本就没有吃过饭。就这样，凭借着如此强大的专注力，牛顿最终在科学上取得了巨大的成就。

和牛顿一样，著名的物理学家李政道，做事也非常专注。在他年轻的时候，很难找到安静的地方去读书，于是，他就在一家人声鼎沸的茶馆中读书。刚开始，茶馆嘈杂的人声让他头昏目眩。后来，他强迫自己集中注意力去看书。再后来，即便是再嘈杂的环境，他也可以非常专注地读书学习，并终有所获。

专注，让我们做事更加完美。目不能二视，耳不能二听，手不能二事，只有专注，才能抵达成功的彼岸。

"蚓无爪牙之利，筋骨之强，上食埃土，下饮黄泉，用心一也。"居里夫人十几年如一日专注于从小山似的矿石中提炼放射性物质，两次获得诺贝尔奖；陈景润专注于数论，终于攀登上了数学的高峰。无论是动物，还是人类，只要盯紧目标，专心专注，积聚力量，奋勇向前，就没有什么能诱惑我们坚定的心，更没有什么阻挡我们成功的路。

无数优秀员工的成功经验也证明，凡是在工作岗位上能够卓有成就的人，他们都有一个共同点——始终专注于自己的工作，专心致志，集中突破。

作为一名员工，只有一心一意、集中精力专注于自己的工作，才能发现工作中的细枝末节问题，才能全力以赴地把工作做好，从而比他人更容易找到通往成功的突破口；否则，就很容易在工作过程中出差错，不但会造成公司的损失，还会让自己丧失工作机会，就更谈不上在工作岗位上有所成就。

专注于自己的工作，在工作的时候保持心无旁骛。也许在刚开始的时候，你会时常发现自己或许不可能完全专注于工作之中，会不由自主地走神，但只要以正确的方式开始——从 ABC 开始，而不是从 XYZ 开始，你同样也可以逐步投入自己的工作中。

总之，一个人要想成就一番事业，就必须心无旁骛、全神贯注于自己的工作，全力以赴于自己的人生目标，这样才会成为最受公司欢迎的员工，才会在自己的人生道路上顺利前行！

专注就是一种工作境界，如果我们能持续保持做事的专注力，那我们一定能在工作岗位上做出一番骄人的成绩。

工作箴言

常言道，只要功夫深，铁杆磨成针。其实，所谓的功夫深，就是指强大的专注力。永远记住，在这个世界上，没有难到无法完成的工作，只有做事不够专注的人。所以，若想收获成功，我们就必须在工作的过程中，始终保持着强大的专注力。

克服障碍，精力集中

我们都知道，一个专注的人在工作的时候，旁人是很难打扰到他的。有时候，我们之所以无法接受有人在旁边看着我们工作，原因不在别人，而是因为我们自己做不到专注。

要知道，当我们投入一项工作时，如果总因为别人的观看而感觉不安，那就说明我们的内心是极为不自信的。因为我们对自己的工作没有自信，所以才害怕自己会把工作搞砸。其实，越是这样想我们就越是紧张，越是静不下心来专注自己的工作。总之，过多地在乎别人的目光，总让别人的态度影响了自己对一件事情的把握和判断，说到底，这都是我们自己的问题。

其实，当一个人在专心做自己的事情时，是不会分出精力去在乎别人的眼光的，甚至完全感觉不到环境的变化。换句话说，专注做一件事情的时候，人是陶醉在事情中的。

爱因斯坦在发现短程线理论之前，做了很多观察、测量，进行了大量的计算。在整个过程中，爱因斯坦付出了巨大的心血。也许，只有他自己才知道其中的艰辛。

爱因斯坦对于科学的研究像是着了魔。有一回，他从梯子上摔了下来，他的腿骨折了，家人把他抬到床上后，立刻请大夫来为他治疗。然而，在整个医治的过程中，爱因斯坦一声不吭，并且，他的脸上也没有痛苦的表情。他这样的情况，让家人非常着急，大家以为他的脑袋摔坏了。

过了几天，爱因斯坦好了。他的家人问他，为什么当时大夫医治他的时候，他一句话都不说。爱因斯坦的回答让所有人大跌眼镜，他迷迷糊糊地说道："我是什么时候骨折的？我不知道啊！"经过家人的叙述，爱因斯坦才恍然大悟。

原来，爱因斯坦从梯子上摔下来的时候，他一直在想：为什么下落者要笔直地掉下来呢？因为他太专注于思考这个问题了，所以才不知道自己骨折了。同时，也正是因为他的专注，短程线理论才得以诞生。

专注于手上的一件小事情，专心做好做精，做到完美，再小的一件事也会变得有意义。

爱因斯坦能取得那么多的成就，就是因为他专注于发明。他专注于身边的小事情，完全陶醉在其中。只有完全深入进去，才能发现新奇的事物，才能发明出有用的东西。

众所周知，每个人的精力都是有限的，一个人的精力如果投入得过于分散，最后很有可能一事无成。所以我们在工作中，必须努力克服一切影响注意力集中的障碍。具体来讲，我们要在认识自己才能的前提下，选准目标，集中精力做重点突破，就像通过凸透镜把众多光束集中到一个焦点，从而引起纸张燃烧一样。永远记住，人的智慧和力量要在"聚焦效应"的作用下，才能形成所需的能量。

"学问尚精专，研磨贵纯一。"回顾历史长河，没有一个人可以在所有的领域都取得辉煌成就。那些取得巨大成功的人，都是只专注于一个领域甚至是一件小事。当然，有些人可能在多个方面表现出一定的才能，但这并不等于他们在这些方面都能达到尖端水平。如果目标过于分散，不仅会使我们失去原有的优势，还会将自己的劣势更多地暴露出来，最终因捉襟见肘穷于应付而一事无成。

很久以前，法国有个青年，他知识广博，爱好广泛，对各行各业都很了解。但是，他从来不把时间花在某一个领域。所以，虽然他知识渊博，但是他对某个领域还是不够精通，所以还是无所作为。

为此，他变得闷闷不乐，找不出原因。直到有一天，他带着自己的疑惑去请教著名生物学家法布尔先生。法布尔听了他的陈述，笑了笑，建议道："把你的精力集中到一个焦点上去试试，就像这块凸透镜一样。"为了给这位青年生动地说明这个道理，法布尔拿出一个放大镜、一张纸，放在阳光下面，纸上出现了一个耀眼的光斑，不一会儿纸就燃烧起来了。

毫无疑问，一个专注工作的人能够抛开一切无关的杂念，专心去做一件事情。人的生命是有限的，人的精力也是有限的。一辈子很短，能做成一件大事就很不容易了。兴趣广泛是好事，但是我们不能什么事都想做，因为这样最终只能是什么事都做不成。所以，无论我们做什么样的工作，我们都要足够专注，抛开一切杂念，静下心来，心无旁骛，努力克服一切影响注意力集中的障碍，全心全意地去将手头上的工作做好。

有行动就会有困难，这是必然的过程。遭遇困难的时候关键要有克服困难的决心，要知难而进，心里应该清楚，害怕困难和逃避困难都是没有任何作用的。唯一的办法就是开始行动，为克服它而去努力。

总之，一个人要想成就一番事业，就必须心无旁骛、全神贯注于自己的工作，全力以赴于自己的人生目标，这样才会成为最受企业欢迎的员工，才会在自己的人生道路上顺利前行！

工作箴言

专力则必精，分途恐两失。一辈子很短，如果我们能咬定一个目标不放松，只做一件事，把一件事做细、做透、做完美，那就是成功。相反，当我们注意力太过分散的话，未来等待我们的就很有可能是一事无成。

因为专注，工作更富成效

专注和效率是相辅相成的，在工作中，一个可以做到专注的员工，通常是一个工作效率非常高的员工。毫无疑问，专注可以提高一个人的工作效率。

在日常的工作当中，我们会遇到各种各样的事情，如果我们集中精力去做好一件事，将其他不必要的事情推到一边，这样，工作效率就会有所提高。就像爱迪生所说的：只要把你的身体与心智都集中在一个问题、一件事情上，你的专注力就会提高。

一个人的精力是有限的，我们要知道先做什么事，后做什么事，依次进行。只有当你能够有效地工作，专注地工作时，你才可以在工作中游刃有余。完成一件事，然后再去做另外的一件事，这样，效率才可以提高。我们需要学会选出最重要、最紧急的事情，并且专注地将它做好。千万不要让工作混乱不堪，最后没有一点效率。

我们想要提高工作效率，把一件事情做成精品，将事情都做到完美，就需要我们在工作中有"专注"的习惯。我们要善于给自己的工作进行分类，把一切工作都按照重要程度进行排序，哪些是重要的，需要先做的，哪些是可以后做的，将所有的工作都调整好，按照一定的次序进行，这样一来，工作不仅顺心，而且还可以提高工作效率。

不仅是在大的方向上要有专注的精神，在平时的工作中，也需要专注。专注在一件事情上，我们在这件事上就更有把握，工作的时候，思路也就会更加连贯，这样一来，工作才能够更有成效。

管理学家建议人们在日常工作中避免不必要的工作转换。也就是说，尽量去一次性做好一件事情。将手头的工作做好了，然后再去做其他的工作。只有当一个人完成一件事情的时候，才会有一种满足感，甚至会有一种成就感。这种心态可以让一个人更好地投入到下一份工作中去。

为了能更好地完成工作，提高自己的工作效率，我们还需要注意不被无关紧要的事情所干扰。比如说，你本来打算在网上查找资料，可是，当你打开电脑的时候，却进入了其他的网站，浏览了好几个小时，你却依然没有查找资料。

我们一定要专注于某一件事，同时，我们还需要有非常强的抵抗力，不被外界的因素所诱惑。因为想要获得真正的成功，排除不必要的干扰是必不可少的。专注的人，能够把自己的时间和精力凝聚到所要做的事情上，发挥最大限度的积极和主动，从而高效率地实现自己的目标。

在做一件事的时候，我们一定要有一颗专注的心。绝对不能为了追求更高的效率，就想在最短时间内做成很多的事情，要知道，欲速则不达，这种做法只会让我们在工作的时候精力不集中、思想不专注，结果往往是捡了芝麻丢了西瓜，最终一事无成。

毫无疑问，一个人工作效率不高的原因有很多种，有的是因为缺乏经验，有的是因为工作不够努力，还有的则是因为工作不够专注。工作不够专注的人，虽然表面上看起来一直处于忙碌的状态中，但是就是看不见成果，因为他们总是过多地将自己的时间和精力花在一些琐碎的事情上，长此以往，自然难以驾驭自己的工作。

麦当劳的创始人雷·克罗克，他凭借非凡的经营才能，把麦当劳兄弟的小餐馆变成了世界快餐第一品牌，自己也成为美国乃至全世界著名的企业家之一。

据说，当年从麦当劳兄弟手中买下特许经营权的除了克罗克，还有一个荷兰人。

两人走的是完全不同的经营之路，相比之下，克罗克比较"愚蠢"，他只开麦当劳店，加工牛肉、养牛的钱都任由别人赚去了；而荷兰人却非常"聪明"，他不仅开麦当劳店，而且所有的赚钱机会都不让别人染指。他投资开办了牛肉加工厂，使加工牛肉的钱也流入自己的腰包；后来他还办了一个养牛场。

日复一日，年复一年，克罗克把麦当劳开遍了全世界，而那个荷兰人呢？人们找啊找啊，终于在荷兰的一个农场里找到了他，他什么也没有，就养着200头牛。

很显然，这个故事告诉我们一个道理，一个人要想获得成功，就必须先明确目标，找准方向，专心致志去做好一件事情。把一件事情做到极致，那我们的工作就会更加有效率，而高效的工作必然又会将我们引向成功。

在我们的生活和工作中，有太多的干扰因素存在。当我们受到打扰，被打断思路的时候，我们就会真切地感受到专注对于我们的工作是多么的重要和珍贵。唯有专注，我们才能专心做好一件事，我们才能远离工作中那些使我们注意力分散的杂事，我们才能集中精力选准主攻目标，专心致志地从事自己的事业，提高自己的工作效率，最后登上成功的顶峰。

能够坚持去攀登一座山峰的人，无论这个过程有多难，他都会到达顶峰。同理，一辈子坚持只做好一件事的人，最后也一定会成功，并且会成为其所在领域的强者。

所以在平时的工作中，无论做什么事情，我们都必须学会每次只专注于一项工作，在主观上严格要求自己，全身心地投入，提高自己的工作效率。要知道，三心二意、见异思迁只会使人庸庸碌碌，工作效率低下，最终无所作为。

我们要明白，喜欢一件事情和做好一件事情是完全不同的两回事。喜欢一件事，完全是一瞬间的心理决定的，但是做好一件事，不仅要付出巨大的努力和心血，还需要坚持和专注。一个优秀的员工往往懂得专注的重要性，在工作中面对纷杂的事务，他们总能从中找出重点，然后专心致志、先急后缓地工作。因为他们深知，只有专注才能让工作更高效，而唯有高效工作，自己才能更快地从职场中胜出。

工作箴言

专注让工作更高效。在我们身边，很多人在工作中看似兴趣广，实则都是嘴上功夫，真正需要他们付出努力的时候，他们要么是没时间，要么是没精力。但这也说明了一点，我们要想在工作中崭露头角，就必须学会保持专注，不断提高自己的工作效率，将其他人远远地抛在我们的身后。

一次只做一件事

俗话说得好，一心不可二用。只有专注的人，才能将事情做好。一个不能够专注于工作的人，注定是一个没有工作业绩的人。

如果一个人全心全意去工作，将自己所有的精力都放在一个毫不动摇的目标之上，那么他必然会成功；而另外一个人，即使非常有头脑，但是，他的精力都分散开来，也就不会有很大的成就。

想法太多而不能专注，只会使我们不断漂移。一个人想要获得成功，就必须专注做一件事。把这件事情从开始的不成熟做到成熟，从开始的不规范做到规范。也许开始的时候还有不少不切实际的想法，但在专注做一件事情的时候，我们会在经验与教训的不断积累中，慢慢找到做事的分寸。对一件事专注的时间越长，越容易从中发现新的东西，也就越容易创新。

"年轻人在事业上失败非常重要的一个原因就是由于他们的精力太分散了。"这是卡耐基说的一句话。他对很多事业失败的人进行了分析后得到了这样的结论。事实的确是这样的，很多失败者都是在好几个行业中进行过奋斗。然而，假如他们可以将自己的所有精力都集中在一个方向上，将自己应该做好的事情都做到位，也就不至于失败。"拥有两个以上的目标，就等于没有目标。"

古往今来，凡是卓有成就的人，都有一个共同点，那就是将精力用在一个目标上，专心致志，集中突破。

一次，达尔文去搜集标本。他被树林里的一棵老树吸引住了。他发现，在将要脱下的树皮上有虫子在动。此刻，他的心情十分兴奋。他急忙剥开树皮，捉住两只奇特的甲虫，把它们抓在手里，仔细观察。

正在这时，树皮里又跳出一只甲虫。达尔文更兴奋了，就急忙把手中的一只甲虫塞进嘴里藏起来，腾出手再去捉另一只甲虫。

看着这些奇特的甲虫，达尔文爱不释手，竟然把嘴里的那只甲虫给忘记了。那只甲虫在他嘴里憋得难受，就释放出一股毒辣的汁液，把达尔文的舌头蜇得又麻又疼，他这才想起嘴里的那只甲虫，连忙吐出来。

后来，人们为了纪念达尔文，就把他发现的这种甲虫命名为"达尔文"。

因为对生物学的执着，达尔文在研究时常常处于一种如痴如醉的状态中，这正是他成功的一个最重要的原因。这种对自己事业的专注正是我们应该学习的。

专注也体现在一次做好一件事上。一次只做一件事，比没头没脑地围着几件事更节约时间，费时更少、出错更少。

专注是一个优秀员工应该具有的基本素质。哪怕你是一个普通人，只要你具有专注的精神，不论在什么情况下你都不会轻易偏移自己的目标，并且始终坚定地朝着你所制定的目标努力奋斗，不屈不挠地坚持到底。

马克·吐温说过这样一句话，一个人的思想是最了不起的，当我们专注于一件事情的时候，我们可以取得让自己都感到吃惊的成绩。即便你的资质非常平庸，但是，只要你可以长久地坚持下去，你就会达到自己的目标，拥有巨大的成就。

岗位不同，每个人擅长的技能也不相同。你只有完全致力于你自己的工作，发挥你的特长，你的能力才会得到体现。你的专注会让你把工作做得更加完美，会让你从此成为一个事业有成的人。

有一个年轻人想要拜师学画。他师从一位世界著名的老画家。老画家的声望很高，因此，画卖的价钱也非常高。年轻人希望自己也能够拥有老画家一样的名声，希望获得成功。然而，刚刚开始的时候，老画家仅仅是让这个年轻人进行最为基础的临摹，而不去教他如何绘画。画了一段时间，年轻人就忍耐不了了，于是，他问老画家："老师，我需要学习多长时间，才可以达到您的水平？"

"十年，或者更久。"老画家说。

"那如果我努力一点，每天再多画两个小时，是不是会快一点呢？"

年轻人非常不甘心。

"如果是这样，我觉得还需要三十年。"老画家说。

年轻人不理解，又问道："如果我更加努力，那么结果如何？"

"那你也许一辈子都无法超过我了。"老画家说。

"为什么会这样呢？"年轻人感觉非常糊涂，"为什么我越是努力，成功需要的时间却越来越长了呢？"

"这是由于，你的眼睛一直在看着事情的结果，你就不会去专注地练习了。"老画家笑着说。

的确如此，一个人只有专心致志地工作，才可以更好地完成一件事情。如果你的精力分散，你就无法同时完成多件事情，这样离成功也就越来越远。很多并不聪明的人，他们却可以获得很高的成就，就是因为他们可以专心致志地工作，去认真完成一件事情。很多聪明的人却根本不懂得专注，他们认为自己拥有聪明才智，可以同时完成很多事情，就这样，他们的精力都被不重要的事情所分散了，精力不够，最后也就一事无成。

一个人想要获得成功，专业知识和经验也是其必备条件。假如说一个人做事总是不能够专注，摇摆不定、变来变去，那么，长此以往，就很难形成丰富的专业知识，更不可能形成自己的核心竞争力，也就无法超越他人。这样的人，是不会在事业上有所成就的。

假如不能专注于一件事情上，总是见异思迁，那么就会让自己更加迷茫，甚至没有了生活的目标和希望。

一个没有目标的人，只是一味地专注也是不可以的。也就是说，我们在工作中，目标不应该太多，不能够摇摆不定。当然，年轻人在事业刚开始的时候有多个目标是正常的，但是，等到一段时间的过渡后，就应该确立其中的一个目标来进行努力。千万不要在太多的目标上浪费时间。

在确立了工作的目标之后，我们就需要去不停地为其努力，将工作做到位。切忌不要心浮气躁，好高骛远。专注工作也不可以只是在大的方面进行努力，要更多地在小的细节上专注。细节做好了，才可以更好地向大的目标前进。也就是说，我们需要在每个细节上进行专注，专注一件事，就做好一件事！

工作箴言

我们的时间和精力是有限的，只有专注于一个领域，在某个领域里精耕细作，才能在该领域内有所建树。成功来自于专注，每天做好一件事，就是专注。专注是你成功的基石。

工作需要专注

只有专注地工作，你才可以挖掘自己的潜力，才能够取得事业上的成功。时间花在什么地方，成就就在什么地方。通常来说，你的付出与回报基本上是成正比的，你在一件事上投入了多少时间、多大的精力，你也就会获得多少的收获和业绩。人的精力有限，可以取得什么样的成就，完全在于你是怎么样管理时间、分配时间的，如果可以将你的时间分配到你喜欢的工作中去，让你的精力都有效地集中在你希望做好的事情上，那么，你就一定会获得成功。

不善于支配时间，你会明显感到时间不够用。不专注工作，你会明显感觉力不从心。一个把一小时看成 60 分钟的人，要比一个把一小时看作是一小时的人更懂得珍惜时间。

只要我们能够合理分配时间，就能够做到认真专注地工作，就可以将有限的时间全部投入到工作中，创造出更多的价值。

在工作当中，我们有太多人不会管理自己的时间了。仔细想一想，你的时间大部分都用在了哪里？如果一个人把所有的时间都花在了不必要的事情上，那么可以想象，他每天都可能会非常忙碌，但却无法解决实质性的问题，一个又一个的问题还是会不断地向他冲过来。如此一来，他便难以应付手头的工作。即便他希望可以专心地去做点什么，也根本无法找出多余的时间来。在这种情况下，他的精力总有一天会耗费尽，还会因为杂乱无章，而每天忙忙碌碌，焦头烂额。

假如一个人把时间花在并不重要的事情上面，那就更不值得了。有些事情虽然看似非常紧迫，但其实并不重要，因此，我们需要分清主次，先解决大问题，再去忙那些小问题，这样才能够让工作有条不紊，让时间得到最合理的安排和配置。

只有做重要但不紧迫的事时，你才是一个真正会利用时间的人。时间花在了有用的事情上，必然会产生价值。这些事虽然不是非常的紧急，但它却决定了工作的业绩。只有将自己的全部时间投入一种"做要事不做急事"的状态中，我们才能够更好地驾驭时间，才可以更加理性地将自己的精力投入到需要我们去专注工作的事情上。这样一来，我们的工作才能驾轻就熟。假如我们提前能够做好工作计划，保持一个良好的状态，全身心地投入到工作中，那么做起事情来会更加得心应手。

美国的著名企业家威廉·穆尔，他在为一家公司销售油漆的时候，第一个月仅仅赚了160美元。后来，他进行了仔细的分析，发现他有80%收益来自于自己20%的客户，可是他却对所有的客户都花费了同样的时间。于是，他把自己手上那些不活跃的 36 个客户都分给了其他的销售员，同时把精力都集中到了非常有潜力的客户上。很快，他在之后的那个月就赚到了 1000 美元。穆尔一直坚持这样的工作原则，最后，他也慢慢成为这家油漆公司的总裁。

　　假如我们想要合理地管理时间，获得专注力，那么就不要将自己的时间浪费在工作以外的其他小事上。浪费时间实际上就等于是在浪费金钱，也是在浪费生命。我们只有专注于时间的管理，才可以有效地、合理地安排好自己的工作。工作没有头绪，没有条理，所有的工作就都是乱糟糟的，这也就代表着你的精力和时间不停地被浪费着。

　　良好的时间管理秩序是我们专注工作的基础。如果希望自己成为一名非常优秀的员工，就要有秩序地工作。我们可以从一些小细节入手培养自己良好的时间管理意识。

　　而管理时间最重要的一个条件就是专注地工作，今日事今日毕，一定不要拖延。要做就立刻去做！做事不拖延，这是所有成功人士的必备素质。可是现在在我们的生活中，有的人做事总是拖拖拉拉，今日的事情总是拖到明天去做，甚至拖到后天。有些人遇到一些挫折，就闷闷不乐，他们不知道，只有经受住严峻的考验，并且对自己充满信心，才能走向成功。

　　拖延必然会损害你的做事能力。有很多人，就是由于有拖延的习惯，最后才导致自己陷入困境。无论什么事情，只要有留待明天处理的态度，那就是拖延，就是在阻碍你的进步。所以说，今日事今日毕，否则就很容易造成问题积压，最后手忙脚乱。

有的人虽然并没有拖延工作，但是他们总是迟到、早退，将时间都浪费在别的事情上。这样的人，想工作得出色，事业有成，那是绝对不可能的。

只有我们专注于工作，我们的大脑才会集中精力，才能更有效地完成工作。如果我们的注意力分散，在工作的时候还在想着其他不着边际的事情，那么，我们的工作效率就会有所降低，这个时候非常容易出现失误。即使事情非常多，我们也应该一件一件地进行，做完一件事，接着做下一件事情，这样才不至于了无头绪。全神贯注地做工作，会让我们的精神得到全面的集中，无论是什么事情，都可以做得很出色。

你要知道，时间用在哪里，你的成就就在哪里。没有将时间用在工作上，工作自然也就无法有成绩了。好好珍惜时间，专注你的工作。时间是非常慷慨的，也是非常吝啬的。对勤奋的人，时间给予他们的是知识和财富，时间让他们的生活更有光彩，成就更加辉煌。而对怠惰的人，时间则会成为他们工作的阻碍。因此，我们要珍惜时间，去做时间的主人，从而有效地管理好自己的时间，专注地工作。

工作箴言

脚踏实地，懂得充分利用现在的人，决不会对将来的未知生活抱太多的幻想，也不会对往日的失败或辉煌过多地追悔留恋，要知道，只有珍视今天的生活，才不会使生命变得空虚，变得了无生趣。每个人都应该好好珍惜眼前的时光，在可以完全把握的"今天"，多做一些事情，多付出一些行动。只有把握了每一个"今天"，我们的生活才没有遗憾。每一个"今天"都做到充实，才能提高工作效率。

第六章 日事日清，高效工作

日事日清代表的是一种认真负责的工作态度，高效执行；日事日清代表的是一种科学的工作方法，智慧做事；日事日清强调的是完美的工作结果，创造佳绩。人们都说时间是公平的，可是有些人总感到自己的时间不够用，不然，为什么做同样的事，自己忙得焦头烂额，别人却还有时间休息呢？只有高效率工作，才能让自己的时间更充裕。

你做到日事日清了吗

日事日清对每个员工的职业生涯都具有重要的意义，任何一个懒惰成性、整天把工作留给明天、被上司或者同事推着走的人，都是无法取得伟大成就的。我们要使主动工作成为一种习惯，勤奋做事、主动做事、用心做事，只有这样才能成为一个优秀的员工，一个前途光明的员工。

戴约瑟是美国著名的地产经纪人，他最初就是因为自愿替一个同事做一笔生意，从而被提升为推销员，并最终走向成功的。

戴约瑟在 14 岁的时候，还只是一个听差的小孩，他觉得做一个推销员对他来说简直是不可能的事，但是他却梦想着能成为一名推销员。

有一天下午，从芝加哥来了一个大客户。当时是 7 月 3 日，客户说他 7 月 5 日便要动身前往欧洲，在动身之前他想定一批货。这要等到第二天才能办好，但是第二天就是 7 月 4 日，是美国的独立日，是放假的日子，店主答应大客户他会在那天派一个店员来照料。

普通订货的手续是客户先把各种货物的样品看一遍，选定他所想要的货，然后推销员把他所订的货拿来再认真地检查一遍。

但是，这次被指派去做这一工作的一个年轻店员不愿意牺牲他的假日来取货，他为难地说，他父亲病了，需要他的照顾。这其实是他的托词，其实真正的原因是他想去约会。

于是，戴约瑟对那个店员说，他愿意代替他做。结果，戴约瑟升了职，他成了一名推销员。

一个人如果把工作仅仅看成是谋生的手段，那么肯定什么事情也干不好，只有对自己的工作尽心尽责，并主动完成任务的人，才能在事业上取得成就。

很多人把每天的工作看成是一种负担，一项不得不完成的任务，他们并没有做到工作所要求的那么多、那么好。对每一个企业和老板而言，他们需要的绝不是缺乏热情和责任感、工作不够积极主动的员工。

日事日清型员工是没有人要求你、强迫你，你却能自觉而出色地做好需要做的事情。这样的员工哪一个老板会不青睐呢？任何一个企业都迫切地需要那些能够自动自发做事的员工，不是等待别人安排工作，也不是把问题留到上级检查的时候再去做，而是主动去了解自己应该做什么，做好计划，然后全力以赴地去完成。

日事日清是成功的注释，拖延是对生命的挥霍。如果你将一天的时间记录下来，就会惊讶地发现，拖延正在不知不觉地消耗着我们的生命。

社会学家库尔特·卢因曾经提出一个概念叫作"力量分析"。在这里，他描述了两种力量：阻力和动力。他说，有些人一生都踩着刹车前进，比如被拖延、害怕和消极的想法捆住手脚；有些人则是一路踩着油门呼啸前进，比如始终保持积极和自信的心态。这一分析同样适用于工作，老板希望公司的每一位员工在工作中都能从刹车踏板——拖延上挪开，始终保持良好的状态，不断进步。

每个人都有懒惰的天性，而日事日清工作的人能够克服这种天性，使自己勤奋起来。日事日清既能够造就一个人的成功，同时也能给企业带来业绩。

"拿下美国B客户非常难！"洗衣机海外产品部崔经理接手美国市场时，大家都这么说，因为前面的历任产品经理对这位客户都业绩平平。

真这么难吗？崔经理不信。这天，崔经理一上班就看到了B客户发来的要求设计洗衣机新外观的邮件。因时差12个小时，此时正是美国的晚上，崔经理很后悔，如果能及时回复，客户就不用等到第二天了！从这天起，崔经理决定以后晚上过了11点再下班，这就意味着，可以在美国当地时间的上午处理完客户的所有信息。

三天过去了，日事日清让崔经理与客户能及时沟通，开发部很快完成了洗衣机新外观的设计图。在决定把图样发给客户时，崔经理认为还必须配上整机图，以免影响确认。大约子夜一点，崔经理回到家，立刻打开家中的电脑，当看到客户回复"产品非常有吸引力，这就是美国人喜欢的"时，她顿时高兴得睡意全无，为自己的日事日清取得的效果而兴奋不已。

样机推进中，崔经理常常半夜醒来，打开电脑看邮件，可以回复的就即时给客户答复。美国那边的客户完全被崔经理的精神打动了，随之推动业务进度，B客户第一批订单终于敲定了！

其实，市场没变，客户没变，拿大订单的难度没变，变的只是一个有竞争力的人——崔经理。她说："因为我从中感受到的是自我经营的快乐，有时差，也要日事日清！"

日事日清追求的就是速度和结果。日事日清不仅跟员工自身关系重大，也与企业的成败有着莫大的关系。员工的工作结果直接关系着企业的命运。日事日清为自身带来业绩的同时也为企业带来效益，而拖延会直接把自己和企业拉入痛苦的泥沼。

无论你是公司的高层主管，还是基层员工，大事还是小事，凡是需要立即去做的事情，就应该马上行动，做到日事日清，绝不拖延。这也是成功人士，成功企业都在遵循的行事准则。

工作箴言

日事日清，今日事今日毕，体现的是科学管理时间的观念，体现的是良好的工作习惯，体现的是一种敬业精神，体现的是一丝不苟的严谨态度。

日事日清决定你的竞争力

理智的老板，更愿意选择一个主动做事、日事日清的员工。因为，站在老板的立场上，一个缺乏时间观念的员工，不可能约束自己的懒惰意识，而全心地勤奋工作；一个自以为是、目中无人的员工，无法在工作中与别人沟通合作；一个做事有始无终的员工，他的做事效果值得怀疑。一旦你有这些不良习惯中的一个，给老板留下印象，你的发展道路就会越走越窄。因为你对老板而言，已不再是可用之人。

有三个人到一家建筑公司应聘，经过一轮又一轮的考试，最后他们从众多的求职者中脱颖而出。公司的人力资源部经理在第二天召集了他们，将他们三人带到了一处工地。

工地上有三堆散落的红砖，乱七八糟地摆放着。人力资源部经理告诉他们，每个人负责一堆，将红砖整齐地码成一个方垛，然后他在三个人疑惑的目光中离开了工地。

A 说："我们不是已经被录用了吗？为什么将我们带到这里？"

B 说："我可不是应聘这样的职位的，经理是不是搞错了？"

C 说："不要问为什么了，既然让我们做，我们就做吧。"然后就干起来。

A 和 B 同时看了看 C，只好跟着干起来。还没完成一半，A 和 B 明显放慢了速度。A 说："经理已经离开了，我们歇会吧。"B 跟着停下来，C 却一直保持着同样的节奏。

人力资源部经理回来的时候，C 只有十几块砖就全部码齐了，而 A 和 B 只完成了三分之一的工作。经理对他们说："下班时间到了，回去吧。"A 和 B 如释重负地扔下手中的砖，而 C 却坚持把最后的十几块砖码齐。

回到公司，人力资源部经理郑重地对他们说："这次公司只聘用一名设计师，获得这一职位的是 C。"

A 和 B 迷惑不解地问经理："为什么？我们不是通过考试了吗？"

经理告诉他们："原因就在于你们刚才的表现。"

哪个老板不喜欢重用一个工作认真负责、没有任何敷衍的人。如果说，出身和学历是走向成功的阶梯，那么日事日清的工作态度就是你迈向成功的助推器。

每个人的能力都是可以培养的，这就意味着工作态度将决定一个人竞争力的高低。因此，身在职场，每一个人都要以认真负责的工作态度走好每一步。即使你什么能力也没有，但在你踏踏实实、日事日清的完成工作的过程中，你会得到锻炼，你的能力自然也就得到了提升。

职场中人，只要努力工作，就能找到成长的秘诀。如果你将工作视为一种积极的学习，那么，每一项工作中都包含着许多个人成长的机会。成功者的经验证明：付出世界上最多的努力，才能获得世界上最大的幸福，要想获得最大的成就，就必须付出最大的努力去奋斗。

机会总是藏在工作深处，只有努力的人，才能够看到机会究竟藏在哪里。日事日清、兢兢业业的人，实际就是抓住机会的人；逃避工作的人，实际就是放弃机会的人。

世界上最大的金矿不在别处，就在我们自己身上。只要我们认真对待工作，以一颗责任心面对问题，在工作中不断思考，就能发现机会，创造不同凡响的人生。机会和财富从来不会青睐毫无准备的人。对于每一个平凡而普通的人来说，工作就是财富，工作就是幸福。日事日清，就是珍惜工作的每一天，从工作中发现机会和财富。

对工作敬业负责，对企业忠诚坚贞，不轻视企业也不轻视自己的工作。遇事积极主动、自动自发地工作，从不找借口推卸责任，懂得在工作中注重细节，明白工作中无小事，想着把工作做得更好的人，是企业最需要的人。

每个员工的一小步，就是企业的一大步。员工是企业得以持续发展的坚实基础，只有员工进步了，企业才会不断成长和壮大，同样，只有企业发展了，员工才能获得进一步的成长。实现自我、获得成功，把自己打造成高素质、高竞争力的优秀员工。在实际工作中积极适应企业发展，与企业一同进步，终将会成为企业中不可或缺的日事日清型人才。

工 作 箴 言

> 永葆进取心，追求日事日清，日清日高，是成功人士的信念。它不仅造就了成功的企业和杰出的人才，而且促使每一个努力完善自己的人，在未来不断地创造奇迹，不断地获得成功。

忙碌不代表有成效，执行不等于落实

现代人一味强调忙碌，却忘记了工作成效，从周一到周日时刻忙碌着。而这些追求所谓"快"的忙碌实际上是在为自己制造慌乱，因为这种要求自己越忙越好的压力使职场人变得越来越浮躁。大多数人认为问题出在时间的紧迫上，但事实上，是忙碌控制了我们的工作和生活。

从前，有一个小和尚每天的任务就是负责敲钟，半年下来，觉得无聊至极，"做一天和尚撞一天钟"而已。

有一天，住持宣布调他到后院劈柴挑水，原因是他不能胜任撞钟一职。

小和尚很不服气地问："师父，我撞的钟难道不准时、不响亮？"

住持耐心地告诉他："你撞的钟虽然很准时，也很响亮，但钟声空泛、疲软，没有感召力。钟声是要唤醒沉迷的众生，因此撞出的钟声不仅要洪亮，而且要圆润、浑厚、深沉、悠远。"

为什么小和尚不能胜任撞钟一职？因为小和尚是在完成任务，他以为这是住持想要的结果。但住持真正想要的结果不是撞钟，而是唤醒沉迷的众生。撞钟是任务，撞得唤醒沉迷的众生是结果。而要撞得唤醒众生，首先你要真正用心去做。我们有许多员工就像这个小和尚一样，整天在忙撞钟这项任务，却达不到唤醒沉迷的众生这个结果。

有个新会计，做报表的态度很认真，报表的格式也做得漂漂亮亮、整整齐齐。可惜，报表上的数据与实际发生额相差甚远，不仅领导看了一头雾水，而且她自己对报表上原始数据的来源也说不清楚。于是，这张报表也就成了一张废纸，一点价值都没有。

忙碌与成效，是很多企业的"心病"：员工都尽了力，大家每天都在忙碌工作，但企业却拿不到好结果，最后销售业绩下滑，质量波动，人心浮动。同样，这也是员工们的疑惑：我们这么努力，每天马不停蹄地忙碌，为什么领导还是不满意？

一旦染上了这种"忙碌病"，我们就会迷失在毫无间隙的忙碌之中，失去清醒的头脑和必要的理智。紧张工作疲于奔命，最终却往往会发现自己越来越力不从心，工作中错误百出，无法实现日事日清，这时才后悔莫及。

为什么好的决策总是一而再，再而三地付之东流？这是因为公司的执行力不强。我们现在缺少的不是制度的建设与创新，而是贯彻与执行的力度。随处可见的"差不多"和"不到位"；无处不在的浅尝辄止和虎头蛇尾；满足于一般号召，缺乏具体指导，遇事推诿扯皮，办事不讲效率等，都是没有把计划真正执行到位的具体表现。

工作中，一边出台制度、一边破坏制度和钻制度空子的现象屡禁不止，关键就在于制度执行不力、落实不严。有相当一部分制度仅仅停留在文件中、口头上。制度不落实，比没有制度更有危害。执行是制度管理的最关键环节，制度再健全、再完善，如果不执行、不落实也只能是一纸空文。很多成功人士和著名企业都意识到了这一点。

一次，海尔举行全球经理人年会。会上，海尔美国贸易公司总裁迈克说，冷柜在美国的销量非常好，但冷柜比较深，用户拿东西尤其是翻找下面的东西很不方便。他提出，如果能改善一下，上面可以掀盖，下面有抽屉分隔，让用户不必探身取物，那就非常完美了。会议还在进行的时候，设计人员已经通知车间做好准备，下午在回工厂的汽车上，大家拿出了设计方案。

当天，设计和制作人员不眠不休，晚上，第一代样机就出现在迈克的面前。看到改良后的产品时，迈克难以置信，他的一个念头 17 个小时就变成了一个产品，他感慨地说："这是我所见过的最神速的反应。"

第二天，海尔全球经理人年会闭幕晚宴在青岛海尔国际培训中心举行，新的冷柜摆在宴会厅中。当主持人宣布，这就是迈克先生要求的新式冷柜时，全场响起热烈的掌声。如今，这款冷柜已经被美国大零售商西尔斯包销，在美国市场占据了同类产品 40% 的份额。

现代许多职场人一味地强调忙碌，却忘记了工作成效。做事并不难，人人都在做，天天都在做，重要的是将事做成。做事和做成事是两回事，做事只是基础，而只有将事做成，你的工作才算真正完成了。如果只是敷衍了事，那就等于在浪费时间，做了跟没做一样。这就是很多看起来从早忙到晚的人却忙而无果的重要原因。

做了并不意味着完成了工作，把问题解决好，才称得上是合格地完成了工作。所以，我们要想有好的发展，在工作时就不能将目光只停留在做上，而应该看得更远一些，将着眼点放在做好上。日事日清的员工只有把做好作为执行的关键，才能圆满地完成工作任务。

美国通用电气公司（GE 公司）看重的是员工落实点子的能力，而不是能想出多少好点子。"你做了多少"是 GE 公司评价员工的核心观念。新员工进入 GE 公司，公司会在员工的入职教育中告诉他们，在 GE 公司的企业文化中，"你做了多少"是最重要的。即使你是哈佛大学的高才生，即使你有最出色的机会，一旦进入 GE 公司，他们只关注你的成绩，只关注你做了多少。

如果我们制定一条制度，就落实一条制度；制定 10 条制度，就坚决执行 10 条制度，不松懈、不手软、不搞"下不为例"，公司里那些只知道数钞票却不知道做事的"蛀虫"就难行其道了，日事日清也就容易实现了。

工作箴言

我们现在缺少的不是制度的建设与创新，而是贯彻与执行的力度。政策再好、制度再全、标准再高、要求再严，如果具体执行的人不认真、不负责、不尽心，其效果也不会好。

做好时间管理，合理安排日清工作

假如你想成功，就必须认识到时间的价值。事实上，凡是在事业上有所成就的人，都十分注重时间的价值。他们不会把大量的时间花费在没有价值的事情上。

接待客户是很多人经常要做的工作，同时也是一件十分消耗时间的事情，一个善于利用时间的人总是能判断自己面对的客户在生意上的价值，如果对方有很多不必要的废话，他们都会想出一个收场的办法。

处在知识日新月异的信息时代，人们常因繁重的工作而紧张忙碌。如果想提高自己的工作效率，让自己忙出效率和业绩，就要向这些珍惜时间的人学习，培养自己重视时间的习惯。

在日常工作、生活中，我们经常会有这样的感觉：虽然我们方向无误，目标明确，工作起来也很努力，每天忙得团团转，可就是复命的时候没有什么明显的效果。相反，有些人每天不慌不忙，如同闲庭信步，却卓有成效，总有事半功倍之效。除去运气等不可控的因素外，其差别就在于明白事情的轻重缓急。

工作需要章法，不能眉毛胡子一把抓，要分轻重缓急。这样，才能一步一步地把事情做得有节奏、有条理，避免拖延。而其中的一个基本原则就是，把时间留给最重要的事情，把最重要的事情放在第一位！

伯利恒钢铁公司总裁理查斯·舒瓦普为自己和公司的低效率而忧虑，于是去找效率专家艾维·李寻求帮助，希望李能卖给他一套方法，告诉他如何在短时间里完成更多的工作。艾维·李说："好！我10分钟就可以教你一套至少提高效率50%的最佳方法。"

"把你明天必须要做的最重要的工作记录下来，按重要程度编上号码。最重要的排在首位，以此类推。早上一上班，马上从第一项工作做起，一直做到完成为止。然后用同样的方法对待第二项工作、第三项工作……直到你下班为止。即使你花了一整天的时间才完成第一项工作，也没关系。只要它是最重要的工作，就坚持做下去。每一天都要这样做。在你对这种方法的价值深信不疑之后，叫你的公司的人也这样做。这套方法你愿意试多久就试多久，然后给我寄张支票，填上你认为合适的数字。"

舒瓦普认为这个方法很有用，不久就填了一张25000美元的支票给艾维·李。舒瓦普后来坚持使用艾维·李给他的那套方法，五年后，伯利恒钢铁公司从一个鲜为人知的小钢铁厂一跃成为美国最大的不需要外援的钢铁生产企业。舒瓦普常对朋友说："我和整个团队坚持最重要的事情先做，付给艾维·李的那笔钱我认为是我的公司多年来最有价值的一笔投资。"

把时间留给最重要的事如此重要，但却常常被我们遗忘。我们必须让这个重要的观念时刻浮现在我们的脑海中，每当一项新工作开始时，必须先确定什么是最重要的事，什么是我们应该花费最大精力重点去做的事。

分清什么是最重要的并不是一件容易的事，我们常犯的一个错误就是把紧迫的事情当成最重要的事情。

紧迫只是意味着必须立即处理，比如电话铃响了，尽管你正忙得不可开交，也不得不放下手里的工作去接听电话。紧迫的事情通常是显而易见的。它们会给我们造成压力，逼迫我们马上采取行动。但它们往往是容易完成的，却不一定是很重要的。

根据紧迫性和重要性，我们可以将每天面对的事情分为四类，即重要且紧迫的事；重要但不紧迫的事；紧迫但不重要的事；不紧迫也不重要的事。

你在平时的工作中，把大部分的时间花在哪类事情上？如果你长期把大量的时间花在重要而且紧迫的事情上，可以想象你每天的忙乱程度，一个又一个问题会像海浪一样向你冲来。你十分被动地一一解决。时间一长，你早晚有一天会被击倒、压垮，上级再也不敢把重要的任务交给你。

只有重要而不紧迫的事才是需要花大量时间去做的事。它虽然并不紧急，但决定了我们的工作效率和业绩。只有养成先做最重要的事的习惯，对最具价值的工作投入充分的时间，工作中的重要的事才不会被无限期地拖延。这样，工作对于遵从日事日清的你就不会是一场无止境、永远也赢不了的赛跑，而是可以带来丰厚收益的事情。

我们提倡在工作中提高效率，更快更好地完成任务，但是，并不是说要以延长工作时间，甚至是牺牲自己的休息时间为代价。解决这一问题的关键是找方法，找到了适合自己的工作方法，不但能够保证工作高效地完成，你还能从中享受到工作的乐趣。

整天工作并不代表高效率。因为业绩和完成业绩花费的时间并不一定成正比。在你感到疲惫的时候，即使强迫自己工作、工作、再工作，也只会耗费体力和创造力，工作并不一定有成效。这时候，我们需要暂时停下工作，让自己放松。每当你放慢脚步，让自己静下来，就可以和内在的力量接触，获得更多能量重新出发，这也是高效率工作的一种策略。一旦我们能了解，工作的过程比结果更令人满足，我们就更乐于工作了。

工作箴言

"善于掌握时间的人，才是真正伟大的人。"也就是说，只要我们能够合理地利用时间，把时间用到该用的地方上去，我们就能够让时间发挥出最大的效益。因为时间虽然是在一刻不停地流逝，但它并不是不可控制的。掌握了时间的特性，你就能游刃有余地做你应该做的事，发挥你的最大潜能。

掌握方法，化难为易提高效率

世界著名的成功学大师拿破仑·希尔在著作《思考致富》一书中，提出疑问"为什么是'思考'致富，而不是'努力工作'致富？"只知道努力工作的人并不一定会获得成功。放眼古今中外，成千上万的成功者无不是善于思考的人，而世间伟大的发明无不出自人的头脑，出自思考的源头。所以，职场人如果善于启用"头脑"，挖掘出自己最大的潜能，找到方法，就没有做不好的工作。

方法是效率的保证，是解决问题的关键。当你的工作或生活中出现僵局或困难的时候，找到了方法，一切问题都能够迎刃而解。

方法决定成效，因为方法是一门工具，有了工具工作就简单得多了。

有个小村庄，村里除了雨水没有任何水源，为了解决这个问题，村里的人决定对外签订一份送水合同，以便每天都能有人把水送到村子里。有两个人愿意接受这份工作，于是村里的长者把这份合同同时给了这两个人。

两个人中一个叫艾德，他得到合同后，便立刻行动起来。每日奔波于湖泊和村庄之间，用他的两只桶从湖中打水运回村子，并把打来的水倒在由村民们修建的一个大蓄水池中。每天早晨他都比其他村民起得早，以便当村民需要用水时，蓄水池中已有足够的水供他们使用。由于起早贪黑地工作，艾德很快就开始挣钱了。尽管这是一项相当艰苦的工作，但是艾德很高兴，因为他能不断地挣钱，并且他对能够拥有两份合同中的一份而感到满意。

另一个获得合同的人叫比尔。令人奇怪的是自从签订合同后比尔就消失了，几个月来，人们一直没有看见过比尔。这令艾德兴奋不已，由于没人与他竞争，他挣到了所有的送水钱。

比尔干什么去了？他做了一份详细的商业计划书，并凭借这份计划书找到了四位投资者，一起开了一家公司。六个月后，比尔带着一个施工队和一笔投资回到了村庄。花了整整一年的时间，比尔的施工队修建了一条从村庄通往湖泊的大容量的管道。

这个村庄需要水，其他有类似环境的村庄一定也需要水。于是，比尔重新制定了他的商业计划，开始向其他需要水的村庄推销他的快速、大容量、低成本并且卫生的送水系统，每送出一桶水他赚1便士，但是每天他能送几十万桶水。无论他是否工作，几十万的人都要消费这几十万桶水，所有的钱都流入了比尔的账户中。显然，比尔不但开发了使水流向村庄的管道，而且还开发了一个使钱流向自己钱包的管道。

从根本上说，你接受了什么样的理念，就决定了你站在多高的台阶上、你能看得有多远，而你按照什么样的方法来工作，则决定了你能走多远，能成为什么样的人。理念决定起点，方法决定你真正能够达到的人生高度。

"如无必要，勿增实体"成了人们处事的一个重要原则。把事情变复杂很简单，把事情变简单却很复杂。人们在处理事情时，要把握事情的主要实质，把握主流，解决最根本的问题。尤其要顺应自然，不要把事情人为地复杂化，这样才能高效率地把事情处理好。

工作中，我们会发现，一份常见的商业建议往往会有厚厚的一叠；一些高层管理者的计划书中，密密麻麻的都是目标。但优秀公司的制度一般都具有简洁的特征，宝洁公司就是个很好的例子。

宝洁公司的制度具有人员精简、结构简单的特点，该制度与宝洁公司雷厉风行的行政风格相吻合。在长期运行中，宝洁公司"深刻简明的人事规则"顺利推动后，效果良好。

宝洁公司品牌经理说："宝洁公司有一条标语——'一页备忘录'，它是我们多年来管理经验的结晶。任何建议或方案多于一页对我们来说都是浪费，甚至会产生不良的后果。"

宝洁公司的这一风格可以追溯到前任总经理理查德·德普雷，他强烈地厌恶任何超过一页的备忘录。他通常会在退回的冗长的备忘录上加一条命令："把它简化成我所需要的东西！"

如果该备忘录过于复杂，他还会加上一句："我不理解复杂的问题，我只理解简单明了的！"

聪明的人办事都讲究直接、简单。他们大都具备无视"复杂"的能力，他必须不为琐事所缠，他能很快分辨出什么是无关的事项，然后立刻砍掉它。

所有复杂的组织都会存在资源浪费和效率低下的问题，它使得领导者无法把目光专注在应该关注的事情上，相反，却进行着数目极其庞大的、昂贵的、无生产力的活动。因此，优秀的组合和个人要懂得给自身"减肥"，把事情简单化处理，使之更有效率、更有活力，从而得到更好的发展。

要想实现日事日清，让自己在职场中脱颖而出，让自己成为企业不可替代的优秀员工，就要按照卓越的方法，先进的工作理念去开拓自己的事业天地。

工 作 箴 言

> 要想日事日清就需要从细节上准确把握，按照正确的方法和步骤来做，否则不但会影响工作效率，很有可能还会影响整个企业的业务进程。

第七章　注重细节，更负责任地工作

　　天下大事，必做于细。细节决定成败，如果你能把工作中的细节都做到位，那么，你就一定能在工作中取得非凡的成就。在工作中，我们还需要有一种精益求精的工作态度。因为想要追求完美，你需要的不仅仅是才能，还需要有负责任的工作态度，并尽己所能，让工作达到一个新的境界。

把细节工作做到位

职场中一些工作的失误，常常都是由于一些细节工作没有做到位导致的。这些细节所造成的影响不容小觑，轻则会造成产品不完美等，重则会导致返工、退货等不良后果，延误时间、造成效率低下自不必说，还会影响声誉，影响事业发展。

人们在分析卫星、飞机、导弹等失事原因发现，失事的原因大都是一些极其低级的失误。1986 年美国著名的"挑战者"号宇宙飞船发射失败，竟是由于一颗小小的螺丝钉没有拧紧造成的！由此可见，虽然注意了细节不见得就能成功，但忽略了细节却足够毁掉成功，至少也会让你的工作效率大打折扣。

西方流传一首民谣：铁钉缺，马蹄裂；马蹄裂，战马蹶；战马蹶，骑士跌；骑士跌，战士折；战士折，帝国灭。缺少一颗铁钉，竟然会使一个帝国灭亡，这种说法虽有点夸张，却着实道出了细节的重要性。中国有句成语叫"千里之堤，毁于蚁穴"，高大坚固的堤坝，因为蚂蚁的啃噬，最后被摧毁。

某市粮食局的一家下属挂面厂曾花巨资从日本引进一条挂面生产线，专门生产高档面条。为了保证产品的高质量，厂里还决定再花18万元从日本购进10吨塑料包装袋。塑料包装袋的袋面图案由挂面厂请人设计。当样品设计好后，经审查，交付印刷。

这中间出了一个小插曲，包装设计发过去后，对方又发回了厂里。说设计可能有问题，请他们再核查一下。厂里的设计人员还有点不相信，但再一看，就傻眼了，原来塑料袋图案上的"鸟"字全部多了一点，"鸟"变成了"鸟"！

后来经过调查才发现，原来是挂面厂的设计人员一时马虎，把设计样本打印错了，而检查人员一时大意，也没有发现这个错误。幸亏印刷厂发现了这个问题，否则，损失18万元不说，还会延误产品的上市时机。

挂面厂赶紧一边修正错误一边致谢。后从印刷厂那儿反馈得知，以前也有印出的产品出现一些关键的小错误，虽然印刷厂没有责任，也没有损失。不过，在企业的反思总结会上，大家认识到，完全可以为印出的产品把一下关，如果因此能帮客户避免损失，将更加有利于自身的发展。于是，他们在正式印刷前都会仔细检查。

从上述的事例我们可以看出，细节在工作中是如此重要，我们要多反思总结工作的一些细节，如此方能更好地提高我们的工作质量，提高工作的效率。每个人要想提高工作效率，实现自己的职业理想，必须要注重细节。即使有一点点细节的失误，也要反思，而不要自我原谅。要知道，减少细节失误，方可提高工作效率。

一次，新设备搬进工厂进行验收调试，有个项目一直超标。这对总工程师来说是个很普通的案例，按照以前的经验，做一下设备的维护清洗就能解决。当时组里的其他工程师们也持相同意见，谁都没把它当回事儿。可偏偏这回，无论如何清洗维护，结果就是不达标。问题拖了一个多月也未得到解决，老板着急了。

最终解决这个问题的是一个修理工，他在做清洗维护时，发现设备的某个部件看上去有些损耗，他想，这套设备一直调试不过关，会不会是这个部件损耗引起的呢？他便向总工程师汇报。于是，问题得到了解决。

一群经验丰富的工程师苦思冥想，迟迟找不到问题所在，最终还是一个维修工找到了突破口，问题才得以解决。工程师们为什么没能找到问题的关键，主要是他们在反思总结时忽略了细节，导致多次检修都没能找出问题，延误了生产，影响了工厂的效率。

注意细节体现的是一种严谨认真的态度。著名的木桶理论认为，一只木桶盛水的多少，不是取决于最长的木板，而是取决于最短的木板。而细节从某种意义上说，就是那块最短的木板。就像麦当劳创始人说的，如果你想经营出色，就必须使每一项最基本的工作都尽善尽美。

美国"汽车大王"福特应聘时弯腰捡起办公室的一团废纸，这一细节凸显了他做人的严谨，他成功通过应聘，并成就了美国的福特汽车事业。这样注重细节的人，会减少工作中的失误，不会给企业造成损失，进而提高企业的效益。

法国"银行大王"恰科，求职惨遭 52 次失败，弯腰捡起一枚大头针的细节，凸显了他仔细认真的品质，被招聘负责人发现而录用，他由此起步，并成就了银行家的梦想。面对烦琐的账目，注重细节是一个银行职员最基本的素质。因为一个数字的错误，会给客户或公司带来不可估量的损失。恰科对细节的注重，正是金融业高效率人才必备的品质。

每次在太空舱训练的时候，苏联宇航员加加林都要脱下鞋子，穿着袜子进舱，爱惜舱内的每一件仪器设施，这一细节被设计师看在眼里。在选拔宇航员时，设计师投了关键的一票。这一票没有投错，加加林也不负众望，成功地完成了 108 分钟的飞行任务，成为世界上第一个进入太空的宇航员。太空航天这样高科技的活动，一个小小的失误，都有可能造成莫大的损失。如果不注重细节，不但是效率低下的问题，更是效益损失的问题。

"细微之处见端倪"，细节往往在一定程度上反映出一个人的思想性格和为人处世原则。从工作效率来看，注重细节的人，会更少出现工作失误，从而提高工作效率。

所以，注重工作细节，保持良好的工作习惯，不仅体现了职场员工的个人形象，更是提高工作效率的重要保证。

工 作 箴 言

我们反复说"细节决定成败"，就是想要提醒每一个人，想要把工作做得更好，就必须紧扣细节，更加负责地去工作。

工作需要精益求精

如果你想在自己所从事的行业中有所成就，那就要下定决心全力投入自己的事业中，对你负责的所有工作都要从尽职尽责做到尽善尽美。

追求完美不仅是一种重要的工作态度，也是一种重要的生活标准，是我们提高工作效能和生活质量的重要保证。一个满足于现状，不思进取的人永远也无法成为一个高效能的人士。

在工作中，我们需要有一种精益求精的工作态度。如果你认为自己做得足够好了，那么你就危险了。因为这个社会是在时刻进步的，别人也是在时刻进步的。一旦我们满足于现有的一点成就，那么很有可能被别人超过，甚至是被自己当下的工作所淘汰。因此，在工作中，我们需要的是一颗进取的心，我们需要竭尽所能，把工作做到最好。

不管你现在做什么样的工作，不管你现在正处于什么样的地位，假如你真的希望成为一个优秀的人，你就应该保持一颗精益求精的心，把工作做到最好。如此一来，我们能够让他人留心到我们的存在，也能够让自己的能力得到提升。

同一种工作，有的人能把工作做得很完美，而有的人虽然把任务完成了，但质量不高，很多地方还需要改进。区别何在？很显然，后者缺少精益求精的精神。精益求精是已经把工作做得很好了，还要求更好。如果没有精益求精的精神，我们在工作中往往就会马虎大意、鲁莽轻率、疏忽、敷衍、偷懒等，最后因此导致工作的失败。

作为一名合格的员工，我们对工作中的任何小事及细节，绝对不能采取敷衍应付的态度，一定要精益求精，只有这样，才能在根本上避免因不注重细节带来的危害及损失。

很多企业的墙上都会有这样一句格言："在此，一切都应该精益求精。"大到一家企业，小到个人，精益求精都是决定成功的关键。作为员工，我们无论做什么工作，都应该追求精益求精。在企业里，许多员工做事不讲精益求精，只求差不多。尽管从表面上看，他们也很努力，也付出了很多，但结果却总是无法令人满意。而以精益求精的精神去做事，可以使你的才能迅速提高，学识日渐充实，而且逐步可以胜任其他更重要的工作。

所以，我们无论做什么事情，都应该精益求精，把工作做到位，这样才能提高工作效率和工作质量。任何一家想要在竞争中取胜的企业，都必须设法先使每个员工精益求精，将工作做到最好。如果没有精益求精、将工作做到最好的员工，那就无法给顾客提供高质量的服务，就难以生产出高质量的产品。当我们将精益求精，将工作做到最好变成一种习惯时，我们就能从中学到更多的知识，积累到更多的经验，就能从全身心投入工作的过程中找到快乐。

在日常生活中，我们也要一点一滴地培养做事一丝不苟、精益求精的科学精神。精益求精，就是要把每一个细节都做足功夫。古人早就说过，"勿以善小而不为，勿以恶小而为之。"超越平凡并不是要去做多大的事情，只要我们把生活和工作中的每一件小事都做到完美，就能成就自己的卓越了。

各行各业都在呼唤能尽职尽责、自主做好手中工作的员工。如果你能够尽到自己的本分，尽力完成自己应该做的事情，那么总有一天，你能够随心所欲地从事自己想要做的事情。反之，如果你凡事得过且过，从不努力把自己的工作做好，那么你永远无法达到成功的顶峰。

追求完美是一种工作态度。一个人要实现成功的方法就是做事的时候，抱着非做成不可的决心，抱着追求尽善尽美的态度。无论做什么事，如果只是以做到"还好"为满意，或是半途而废，那他绝不会成功。

李开复在攻读博士学位的时候，将语音识别系统的识别率从过去的40%提高到了80%，学术界对他刮目相看。在当时，他的导师觉得，只要将已有的成果整理好，他就可以顺利拿到学位了。然而，李开复并不是这么想的。他的心里非常清楚，第一步的成功一定会让他获得更好的机会，因此，他觉得他所得到的80%的识别率虽然已经非常优秀了，但却并不是最佳结果。

因此，李开复没有放松，他反而更加抓紧时间研究。为了研究，他甚至还推迟了论文答辩时间。在当时，他每天的工作时间大约是16个小时。这些努力果然得到了收获，李开复的语音识别系统的识别率从80%提高到了96%。在李开复取得博士学位后，这个系统仍然多年蝉联全美语音识别系统冠军。

试想，假如李开复当时满足于自己获得的那一点成就的话，那么他后来还能够做出那96%的系统来吗？

因此，每一位工作者，请不要满足于目前的工作表现，你需要做得更好。只有这样，你才可以成为企业中不可或缺的人物。在工作中，我们一定要有这样的原则，那就是我们"要做就做得更好，否则就不做"。实际上，这和"能完成100%，就绝不只做99%"是一样的道理。

每一个老板都希望得到优秀的员工，而一个员工的工作态度恰恰可以体现出这个员工是不是优秀。老板从员工的平时表现能够看出员工的工作态度，看出哪个人是优秀的员工，哪个人值得委以重任。因此，一定不要有"拿多少钱，做多少事"的想法。就拿薪金来说，你做了一千块钱的事，那么你也只能够拿一千块的钱。这就是为什么老板找不到给你加薪的理由。假如你拿了一千块的钱，做了一万块钱的事，那么加薪也是自然而然的事情了。

因此，在工作之中，我们都应该拥有一个"要做就做得更好，否则就不去做"的心态，不管对于什么样的工作，都应该精益求精、尽职尽责。

精益求精的前提是要敢于让你的老板或者主管挑剔工作中的毛病。不要总是抱怨别人对你的期望值过高。如果你的老板能够在你的工作中找到失误，那就证明你还没有做到精益求精。更不要寻找任何借口，不要搪塞或是掩盖自己的缺陷。如果你能够做到精益求精，为什么要让缺陷存在呢？一个优秀的人对待工作的态度应该是没有最好，只有更好。唯有如此，才能保持旺盛的工作热情，才能把工作做得更好，也才能不断进步。总而言之，你是如何看待工作的，那么，你也就会获得什么样的待遇。无论什么工作，假如你把它看得非常低贱，你就没有了工作的激情。如果你把工作都看得非常高尚，那么，你也就有了工作的激情；在工作的时候，你就会变得负责任，变得精益求精。

工作箴言

我们常说要让敬业成为工作的习惯，其实，所谓的敬业，在某种程度上也就意味着我们要将自己的工作做到尽善尽美。换句话说，我们要在工作中追求精益求精，争取不出现一丝纰漏，只有这样，我们才能最大限度地提升自己的工作能力，并为公司创造出更大的效益。

不要忽略工作中的细节

眼中没有细节的人，对工作缺乏认真负责的态度，对待事情往往也是敷衍了事。这种人根本无法把工作当成乐趣，他们只会把工作当作一种不得不做的苦役，还整天抱怨自己在工作中根本没有任何热情和动力。

在工作中不考虑细节的人，永远做不成大事，他们只能做别人给他们分配好的任务，然而即便这样，他们也不能保证把事情做好。而那些能在工作中考虑到细节，并且注重细节的人，不仅对待工作认真负责，将小事做好、做细、做精，还能在细节中寻找机会，从而找到开启成功大门的钥匙。

我们都知道，对于一根链条来说，最脆弱的一环决定了整个链条的强度；对于一只木桶来说，最短的一块木板决定了整只木桶的容量；而对于一项工作来说，决定其成败的关键就是细节。因此，我们只有在工作中做到不忽略细节，努力认真对待好每一个细节，从细微处做起，我们才能光彩熠熠地走向成功。

　　无论是在工作还是生活中，对待事情认真仔细，努力把每一件小事都做得尽善尽美，只有这样，我们才能成就自己。让注重细节在我们的脑海里形成一种牢固的观念，然后再用观念来指导我们的工作，慢慢地，我们自然而然就会养成一种良好的工作习惯。而一旦养成了注重细节的好习惯，我们就能在工作中收获快乐，并取得骄人的业绩。

　　每个人刚开始参加工作的时候都会由于经验和阅历以及能力的限制，不能被企业领导委以重任，一开始做的工作大多是些体力活和烦琐小事。而很多人都会觉得这些工作都是小事情，没多大的含金量，不值得自己花费过多的精力和时间。毫无疑问，这种想法是不对的。在心理学上，有一个"不值得定律"，该定律说的就是这么一种想法，即人们潜意识里认为不值得做的事情就不会努力去做、敷衍了事，甚至根本都不去做。

　　因此，我们会看到工作中有些人过多地把精力投放在以为能够出人头地的"大事"上面，幻想着一夜成名。他们坚信自己有一天能一鸣惊人，而忽视了许多当下的具体事情，即使遇到这些事情也认为是不值得做的。

　　我们都知道，要想成就一番事业，就要从最简单的事情入手。一个连小事情都不能做好的人，更不会成就大事业。20世纪最伟大的建筑师之一密斯·凡·得罗，在描述他成功的原因时，只说了这样几个字："魔鬼在细节。"通用电器公司前CEO韦尔奇也说过："工作中的一些细节，唯有那些心中装着大责任的人能够发现，能够做好。"在韦尔奇看来，通过一件简单的小事情，就能反映出一个人的责任心。

　　在工作中，我们所有人都要懂得把每一件小事和那个远大的目标结合起来。当我们接纳了每一件小事后，目标的实现就只剩下时间问题了。要知道，梦想再大，也是由小事情构成的。任何大事都是由小事构成的，没有做好小事情的基础，就不可能取得巨大的成功。

把每一件小事、每一个细节做到完美，不仅能让我们获得经验的积累和知识的补充，还能让我们体会到工作的快乐和意义，并最终在工作中铸就属于自己的成功，实现自己人生的价值。

而毫无疑问，这一切都有赖于我们将注重细节变成一种良好的工作习惯。我们都知道，能力出众的人做小事的时候也非常认真，他们总是能注意到每一个细节。正是因为他们自身具备注重细节的好习惯，他们才比其他人拥有更多的成功机会，拥有更大的舞台。

美国标准石油公司曾经有一位小职员，他的名字叫阿基勒特。他在出差住旅馆时，总是在自己签名的下方，写上"每桶4美元的标准石油"字样，在书信及收据上也不例外，只要签了名，就一定写上那几个字。他的同事因此戏称他为"每桶4美元"，时间久了，他的真名几乎都快被人们忘了。公司的董事长洛克菲勒得知此事后，决定去见见阿基勒特，并邀请他共进晚餐。过了几年，洛克菲勒卸任，阿基勒特竟然被任命为下一任的董事长。

在签名的时候署上"每桶4美元的标准石油"，这在其他人看了，实在是太小的事情。很显然，这件小事不做也可以，但阿基勒特却将其做到极致。他对细节的注重让他的人生有了巨大的转变，更确切地来讲，正是这种注重细节的好习惯，让他坐上了董事长的宝座。

其实，在我们的工作中有许许多多不起眼的小事情，这些事情任何人都可以去做，但是，只有一小部分人把它做好了，并且一直坚持下去。有些人也许会觉得一个人的成功有偶然的因素，实际上，这种想法是错误的。就拿阿基勃特来说，他的成功几乎是一种必然，因为他让注重细节成为一种习惯，并在工作中长久地保持了下去，最终也因此获益良多。

众所周知，很多事情都可以从细节中看出个究竟，找出个所以然来。细节的存在是有意义的，它往往能在一定程度上反映出做事的人的思想性格和处世为人的原则，就像我们能通过一个人的字看出这个人是什么性格一样，一个人所做的事情就相当于他的"名片"。而想要了解一个人，就去和他一起做件事情，观察他对于细节的态度。这无疑是最有效的途径。

注重细节，并保持好对待细节的良好态度，只有这样，我们才有机会让他人看到自己的卓越表现，才有机会获得别人的赏识。作为一名员工，面对如今社会日益激烈的竞争，我们若不能培养注重细节的好的工作习惯，那就很难在以后的工作中去迎接各方面的挑战，更不要说为以后的发展积累砝码。

总之，细节最容易被人们忽视，但是细节也恰恰最能反映一个人的真实状态和表现一个人的素养。现如今的企业，在招聘员工的时候，通过一件小事去考核一个人的品质和能力，已经成为一种较为普遍的衡量人才的方式。一个人在细节上的成功，看起来是偶然，但在每一次的偶然背后实则孕育着走向成功的必然。

我们要在工作中不断培养自己注重细节的好习惯，只有这样，我们的职场之路才能越走越宽敞。

工作箴言

好习惯能让人受益终身，这是毋庸置疑的。在工作中，注重细节的好习惯更能让我们将自己的工作做到完美，从而收获他人对我们的认可，并最终帮助自己登上成功的巅峰。

紧抠细节，减少失误

许多人认为，一些小事却搞得劳师动众，何必呢？对待随时可能发生的一些可能触犯到企业核心价值观的一些"小事"，小题大做的处理是非常必要的。否则，大家一旦都形成小事不去处理的坏习惯，那将会严重影响到执行的力度，从而影响企业的效益。

世界上没有什么事小到不需要我们用心去关注的，世界上也没有什么事大到我们用心也无法达成的。把每一件简单的事做好就是不简单，把每一件平凡的事做好就是不平凡。我们应该"小题大做"，只有"小题大做"才能保证执行到位，在执行的过程中就应该把杀鸡也用牛刀的精神亮出来，保证不出现小毛病，保证执行到位。

希尔顿饭店的创始人康·尼·希尔顿始终坚信只有真正注意每一个细节，才能真正体现出一个人的责任感来。所以，在平时的工作中，他时常要求自己的员工要认真对待每一件小事，把看似不起眼的细节做到异乎寻常的完美。

一家企业的副总裁凯普曾入住希尔顿饭店。那天早上，凯普刚一打开门，走廊尽头站着的服务员就走过来向他问好。让凯普奇怪的并不是服务员的礼貌举动，而是服务员竟喊出了他的名字。

原来，希尔顿要求楼层服务员要记住自己所服务的每个房间客人的名字，以便为客人提供更细致周到的服务。当凯普坐电梯到一楼的时候，一楼的服务员同样也能够叫出他的名字，这让他很纳闷，服务员于是解释道："因为上面有电话过来，说您下来了。"

吃早餐的时候，饭店服务员送来了一份点心。凯普就问，这道菜中间红的是什么？服务员看了一眼，然后后退一步做了回答。凯普又问，旁边那个黑黑的是什么？服务员上前看了一眼，随即又后退一步做了回答。服务员为什么会后退一步？原来，她是为了避免自己的唾液落到客人的早点上。

或许，在很多人看来，这些都是一些不起眼的小事。但在商业社会中，只有将这些细节做到位，我们才能凭借超强的责任感赢得别人的信赖。

很多时候，细节是非常重要的。有时候细节的力量是我们无法想象的。在工作中不要忽视细节，更不要瞧不起小事。很多人成功了，都是因为他们能够把握住细节，而许多大事的失败恰恰就是毁于细节。所以说，想要成为一名爱岗敬业的员工，就一定要意识到细节的重要性。认识到小事的重要，不放过任何细节，只有这样，才能把事情做到完美，让自己的事业和人生也更加精彩。

工作中，我们要时刻注重细节，要把小事做好。忽视细节，不仅会给企业带来损失，也将给自己带来噩运。要知道，一个人必须从简单的事情做起，从细微之处入手才能成就一番事业。我们要想成为卓越的员工，就要在平时的工作中重视细节。只要我们能正确对待每一件小事，再小的事情也始终用心去做，并努力做好做优秀，那我们最后就一定能够成就一番事业。

把小事做好就是在不断完善自我。伟大的事情是靠细节积累而成的。做好小事情就是在为大事情打基础。注重细节是保证大事能够顺利实现的关键。在日常工作中，对每一个细节的忽视，都可能会导致这件事的失败。所以无论在做什么工作，我们都要有耐心做好，力求完美，且坚持不懈。

作为企业的员工，我们要努力锻炼自己关注细节，做好小事的能力。要知道，只有注重细节，用心做好小事，我们的职业生涯才会一片光明。"不积跬步无以至千里，不积小流无以成江海。"这句至理名言告诉我们，只有做好了当下的每一件小事，才能成就一番大事业。连小事都做不好的人，休谈大事！

在工作中，我们一定要脚踏实地地从小事做起，从点滴做起。要保持心思的细致，注意抓住细节，这样才可以养成做大事所需要的严密周到的作风。工作中的任何小事都不能够小看。把握了细节，才能把握成功。我们需要以认真的态度做好工作岗位上的每一件小事，用我们的责任心来对待每个细节。在岗位上，我们只有把小事做好了，才可以创造出最大价值。

100 件事，如果 99 件事做好了，一件事情没有做好，哪怕它是再细微的小事，都有可能对某一企业、某一组织、某一个人产生百分之百的影响。

工作中出现的问题，的确只是一些小事上做得不到位，执行上的一点点差距，往往会导致结果上出现很大的差别。

实际工作中，有许多人因为事小而不屑去做，对待小事常常不以为然。事实上，有时候决定一个人成败的，不是他做了什么惊天动地的大事，而是取决于他有没有把小事做好。一位管理专家一针见血地指出，从手中溜走 1% 的不合格，到用户手中就是 100% 不合格。工作中一个小小的疏忽和失误，就会造成产品和服务上的缺陷，任何缺陷都会影响企业在顾客心目中的形象和地位，给企业带来难以估量的损失。

要知道，疏忽和失误，无论怎么细小，都可能造成重大损失。小事不等于没事，最困难的是做好细节。

任何小的疏忽都会造成客户的不满，甚至可能产生十分严重的后果。用做大事的心态去认真负责地落实好工作中的每一件小事，尽可能避免小疏忽，认真地把每一项责任都落实到位，才能做出更多的成绩。

◤◤◤ 工作箴言 ◣◣◣

　　在工作中，不能因为是小事就敷衍应付，轻视责任。可能由于你在工作中的一个疏忽，到了客户那里就会变成大问题和大麻烦，轻则会令企业形象受损，重则会使企业破产倒闭。细节不是小事，因为一个细节就可以左右事情落实与否，左右企业的成败。细节在自己手里就是王牌，在对手手里就是炸弹。忽视细节，结果必然是惨败。

细节是解决问题的关键

细节，就是日常生活中我们不太注意的一些小事情。而要想成就一番大事业，就必须从这些小事情做起，从细微之处入手。好高骛远，一心追求高大上，最终害的只能是自己。

试问，一个连小事情都不注意的人，还怎么成就一番大的事业呢？我们都知道，注重细节是一种对待工作极为认真的态度，同时也是一个人对工作负责的表现。不管做大事还是小事，忽略了细节必然会给工作造成巨大的影响或损失。因此，作为一个员工，我们一定要认真对待自己的工作，只有具备严谨的工作态度，我们才能把握好细节，打造自己的职场竞争力。

工作中一定不能忽视微小的细节。然而，再看看我们的周围，马马虎虎的人和马马虎虎的事随处可见，差不多的人和差不多的事也比比皆是，好像、几乎、似乎、将近、大约、大体、大致、大概、可能、应该，这些词汇充斥在人们的话语中。可以想见，就在我们脱口而出这些词汇的时候，也许我们面对的客户就已经流失了。

　　再大的事情，都是由许多个细节组成的。通过观察和分析中外企业家的成功之道，我们就会发现，他们之所以能有杰出的成就，往往是因为管理层始终把细节的竞争贯彻于整个产品开发的始终。所以，我们应该把每一件简单的事情做得不简单，把每一件平凡的事情做得不平凡。

　　除此之外，我们还要把细节提到重要的层次上，不断追求工作的零缺陷，要知道，我们越是注重细节，非凡的成就就越是青睐于我们。提高执行力，就要求我们在工作中做到严谨和细致，并保持住这样的作风，去掉心浮气躁、浅尝辄止的毛病，以追求完美的精神，尽职尽责地执行好各项重大战略决策和工作部署，把大事做细，把细节做精。

　　从来不缺想做大事的人，但很少有人愿意把大事做小，把小事做好。我们不缺少战略上的决策者，我们缺少的是尽职尽责的执行者；我们的企业不缺少规章制度，我们缺少的是对这些规章制度严格执行的人。

　　对细节的把握，决定着我们工作的质量和事业的成败；对细节的把握，也是一种对工作负责的表现。我们经常在工地上看到"从大处着眼，从小处入手"的条幅，其实这就是在告诫所有人，做事情虽要具备全局观念和战略眼光，但即使是再大的计划和战略设想，终究还是要靠细致而扎实的基础工作来实现。

　　细节之小却能证明一个人的工作态度和能力。眼中没有细节的人，很难对工作产生认真的态度，更无法把工作当作一种乐趣。只有那些重视细节的人，才具备认真负责的工作态度和强烈的事业责任感；只有那些重视细节的人，才具备严谨细致的工作作风，在细节问题的处理上绝不马虎，绝不能想当然；只有那些思维上缜密，考虑周全，做事严谨的人，才能在做事的细节中找到发展和突破的机会，才能使自己走向成功的大门。

总之，无论从事什么工作，我们都要注意细节。细节体现着一个人是否具备敏锐的眼光，是否具备在细微处洞彻事理的头脑，是否能在平凡的工作中干出不平凡的业绩。

在我们身边，能做大事的人实在是少之又少。多数的人只能做一些具体的事、琐碎的事、单调的事。张瑞敏说过，能把每一件简单的事做好就是不简单；能把每一件平凡的事做好就是不平凡。这话听起来很简单，可其中蕴含的道理却不简单。一屋不扫，怎能扫天下！泰山不拒细壤，故能成其高；江海不择细流，故能就其深。

因此，我们想要获得成功，就需要比别人更为细心和谨慎，就必须时时注意工作中的每一个细节。事情无大小，把细节工作做得更细，把工作做到更好。大家都知道细节决定成败这个道理，但关键还是要让每一个人都具备一双善于发现并把握细节的眼睛，养成注重细节的良好习惯，并能够在工作中得到体现。

细节是一点一滴的小事，但却包含着很大的学问。一件事情的细节决定完成质量的高低，细节的效应是量变到质变的过程。要想在自己的工作中有所作为，那就必须从小事做起。

一个好的企业会在产品、服务和管理上加强对细节的改进。有时候仅仅是因为给用户增加了一丁点儿的方便，但对于用户来讲，正是有了这一丁点儿的优势，才有了显著的对比。把每一件事都做到最好，对待工作一丝不苟，这正是一个出色的员工必须具备的素养。每一个人都要认识到，只有在工作中注重细节、把握细节、尽职尽责，老板才会放心地对我们委以重任。

天下难事，必做于易；世界大事，必做于细。我们要放弃好高骛远，踏踏实实地工作。要知道，不论是做人、做事，还是做管理，我们都理应脚踏实地，从细节着手，从小事做起，远离眼高手低。毕竟只有注重细节的人，才有机会取得非凡的成就，才有机会干出一番大事业。

工作箴言

无论大事还是小事，忽略了细节就会造成不必要的损失。作为企业的一名员工，最基本的一项素质就是认真细致。要知道，只有具备严谨的工作态度，认真对待好每一个细节，我们才能走向成功。

第八章 勤奋务实，谦虚低调

勤奋是通往荣誉殿堂的必经之路。成功是一种努力的累积，不论从事何种行业，要想登上顶峰，通常都需要漫长时间的努力和精心的规划。谦虚能够使我们不断进步，不断超越自己。对人谦虚，并不是说让你屈居人下，而是一种处世的智慧。谦虚是一种美德，是一种高贵的品质。

低调工作是一种智慧

工作中，一个人拥有才华当然有助于他成就事业、创造业绩，但是假如你不能彻底驾驭它，那么才华就会变成你工作的累赘，并且摧毁你的事业和前途。对于那些有才干的人来说，如果要想减少工作的麻烦，放下身段是特别重要的做法。一个善于摆架子的人只会使自己的就业之路走到绝境，原因是你太讲究"排场"，计较"私利"，无形中给自己画了一个圆圈，圈住了自己的手脚，而上司重用起你来也会犹豫不决、不敢贸然行动，最后你会失去成功的机会。

工作中，懂得证明自己的价值固然受人欢迎，可是勤勤恳恳做工作的精神更重要。每一位合格的员工都必须清楚自己的能力，知道自己擅长什么，找准自己的方向。不要目中无人，认为自己什么都会。所以，在任何单位工作都必须融入集体里去。要学会从基础部分做起，从小事做起，不断前进，不断超越自己，一步一个脚印，为自己打好基础。

行走在职场，做什么事情都不要太张扬，而是要适当表现一下，偶尔露一下才华，只有这样，你才可以给自己的工作伙伴留下一个非常好的个人印象。我们一定要掌握好分寸，无论是在生活中，还是在工作中，做事绝对不可做得太不着边际，断了自己的退路。还有就是在工作中，不要急于提建议，千万别逞能。让老板、同事消除戒备之心，你时时刻刻要懂得先保护自己，收敛个性，掌握时机，绝对不能以自己为中心。

在单位里，要想引人注目，确实需要适当表现自己的才华，让人们看到你的独特之处。但很多骄傲自满的年轻人常常陷入这样的错误之地，那就是把表现自己的时机错误地放在了与自己同处一个地位的同事面前，不知何时该收敛，结果常常在职场竞争中输得一败涂地。

说实话，想要表现自己并没错。在当今社会，充分发挥自己的才干，表现出自己的潜力，是适应挑战的最终选择。可是，表现自己要分地点、分时间。最好不要让你的表现看上去是故意的，仿佛是做样子给别人看一样，如果这样就显得不好了。

在工作生活里，常常有一些人把握不好热情和故意表现之间的限度。很多人总把满腔热血的行动变成看上去是矫揉造作的。换句话说，这些人学会的是卖弄自己的性格，而不是真正的工作热情。真正的热情绝不会让同事对你憎恶。

不正确表现的另一个错误的认识就是常常在自己的工作群体之中显示自己的独特性。平时生活中很容易发现这样的人：他们虽然聪明过人，滔滔不绝，但一说话就令人感到骄傲自大，所以别人很难认可他们的观点。这种人大部分都是因为太爱表现自己的性格了，一直想让别人了解自己很有能力，始终想显示自己的魅力，虽然能获得他人的尊重，可是结果却是威信扫地。

　　许飞长相漂亮，活泼可爱，可是，最近她很苦恼，原来是她在单位里人缘一点都不好。但是她不知道原因。同事说，许飞太爱表现自己了。尤其是老板视察的时候，她总是抢着发言，抢了老板的话。还有就是，在她与同事们聊天时，每次都是她主动，使得同事们根本插不上嘴。如果聊的不是她感兴趣的话题，她就不感兴趣，表现得不耐烦或干脆走人。老板在场或有能露脸的工作时，她则非常高兴地表现自己，而老板不在场或有一些微不足道的小任务时，她就随便了事，根本不放在心上。

　　不难发现，同事们未必是反感许飞的"爱张扬"，其实，每个人从心灵深处来讲都是"爱鼓吹自己的性格"的。别人厌恶的是，她只顾自己表现，而且把别人表现的机会都剥夺了。

　　一个员工的成功肯定有他自己的努力奋斗，但他也绝对不能脱离开自己团队的合作。假如没有强大的团队作为依靠，即使再有能力的人也不可能把工作做好。

　　在团队的合作中，一定有一件事情是你最拿手的，也许在这件事情的办理过程中，你是核心，但并不代表没有了你其他人就不行。你必须明白，这个世界上少了谁都一样。所以，一个想成功的人，就不能把私利看得过重，而应抱着处事不惊的态度。

　　一个很有才华，而又喜欢自我骄傲的人，肯定会招来其他人的厌恶，最后吃大亏。但是，如果是有才华也有能力，在特定的情况表现一下自己的才能，也无可厚非，但是假如没能掌握好分寸，不但会伤害别人，也会伤害自己。古今中外，做大事的人，过分外露自己的才干，只会招致别人的嫉恨，导致自己的失利，很难成功，甚至有的人不但因此失去了前途，还会危及自己的性命，因此有才华要注意收敛，对他人不能直言批评。

假如一个人目中无人，口无遮拦，滔滔不绝，即使是身边的人也会讨厌他，弃他而去。

工作中，很多人由于顺风顺水，一直很欣慰，高兴至极。但是，不能光是高兴，而忘了其他。我们应该思考一下如何才能维持好运一直成功。工作中，一份好业绩取之不易，但更难得的是怎么样保持好业绩。在你成功之时，你最多只能高兴几分钟，原因是你如果不努力，那么下一秒就会有人超过你，甚至击败你。

所以，当你被升迁或被夸奖的时候，就要努力学一番内敛的道理，把你那因升职而引起的极度高兴过滤下去。或许你在实行一个计划时，一着手就得到别人的赞誉，但你必须对他们的夸奖置若罔闻，继续努力，直到实现终极目标才肯罢休。那时人家对你的尊重，将比现在大得多。

一个人是不是伟大，是能从他对自己的成功所坚持的观点看到的。所以，即便你的运气对你非常有利，也不要太过骄傲，这时候，努力积累自己的资本，未来才能更有成就。

一个人得意时最难避免的问题就是过度炫耀自己的才干，事业不顺利时最不该学到的东西是埋怨；在顺风顺水时最切忌的是把握不住的"千变万化"，失意时最需要的是"换一个角度想问题"。事实上，顺风顺水不一定就是拥有，不顺利也并不就是彻底的败北。所以，当不顺利时，我们要保证自己的人格完整。

工 作 箴 言

> 顺意时，最容易失去的是真心，失意时最容易失去的是干劲；得意时你可能最看不清楚的是自我，失意时你最能看清楚的一定是自己；得意时最不能伤害的是别人的一颗需要安慰的心，失意时最不能伤害的是自己的一颗坚强的心。

学会低调，不要张扬

生活中，我们不难发现，盲目地骄傲、自满、自傲，或者张扬自己的才华，是做人的最大失败。与之相反，"行谨则能坚其志，言谨则能崇其德"，则是成功之处。有人说，无论何时何地，谦虚谨慎不张扬，是成功的人必备的品质。具有这种品质的人，在为人处世时能谦虚恭敬，不矫揉造作，非常和气，而且善于倾听，能认真请教。

因此，做人决不能过于张扬。过于张扬会使自己陷入陷阱，而且这个陷阱是我们自己亲手挖的。它会使你把大量精力放在追名逐利、自吹自夸上。而滔滔不绝地夸夸其谈一般而言会使你更加不可一世，把名利当作自我欣赏之物，这对你十分不利。

工作中，一个人太过张扬自己的个性，就一定会遭受损失；就像一个人过分追求完美的生活，反而会遭到指责一样。很多人能够同情弱者的不幸，但却不屑比自己强大的对手；能够面对认认真真做事的人，却厌恶那些飞扬跋扈的人。因此，个性张扬的人人际关系十分糟糕，处世更为欠缺，如此这样，自然容易遭到其他人的嫉恨。所以，做人一定要懂得谦虚谨慎、认认真真，绝对不要骄傲自大、过度张扬自己的个性，否则，吃亏的是你自己。

成功的人常常是高深莫测，不显露自己，认认真真，勤奋努力。许多人成功以后，也不追名逐利，而是选择继续追求、超越，寻求新的目标，这才是真正的成功。做一个低调的成功者并不困难，甚至比做一个张扬的强者更为简单。

小朱是个很有才华的小伙子，文采很棒，写得一手好文章。经过几年的努力，他终于在一次全国的大赛中获得了特等奖。

有了这样高的荣誉小朱很快加入了当地的作家协会，并如愿进入了一家杂志社做责任编辑。就这样，小朱的生活开始忙碌起来，频繁参加各种会议。一段时间后，他也变得张扬了许多，故意卖弄自己，生怕别人不知道他是个作家，从前的谦逊变得消失殆尽。

一晃，两年了，小朱每天忙于应酬，再也没写出一篇像样的文章。单位看他再也没有从前的骄人成绩，而且由于经常参加活动而影响工作，对他也不再像以前一样，而且现在是新人辈出的年代，他很快就落后了。

小朱很难过。于是，他反复思考自己这两年的路。他发现自己之所以这样，就是不谦虚，过分张扬惹的祸。

懂得这些后，小朱决心改变自己。

后来，他换了一个工作，他的新上司对他的评价是：小朱是个谦虚进取的人，工作认真努力，从不张扬自己。

通过这个故事我们可以发现：一个人自吹自擂、自傲而不谦虚，是做人的一大弊端。假如一个人稍微有一点成绩，便开始自我膨胀，骄傲自满，其结局往往是误了自己，断了自己的路。真正会做人的人是决不会骄傲自满的。这样的人会继续努力去做那些需要去做的事。决不要陷于骄傲，因为一骄傲，就会在应该同意的场合固执起来；因为一骄傲，就会拒绝别人的忠告和友谊的帮助；因为一骄傲，就会丧失客观方面的准绳。

其实，让事情更糟糕的是，你在洋洋自得时越炫耀自己，别人越躲着你，越在背后嘲笑你的自不量力，甚至可能因此而仇恨你。同时，张扬的人必然喜欢嫉妒，他喜欢那些跟随他的人或谄媚他的人，对那些以品格高尚受人称赞的人会心怀嫉恨，结果，他就会失去内心的平衡，以至于由一个傻瓜变成一个小人。

工 作 箴 言

别让过分骄傲迷失了自己。做人切忌张扬，要学会低调处事，只有这样才能受到别人的爱戴。

养成务实工作的好习惯

认认真真地去做工作中的每一件事，养成良好的工作习惯。如果想有好的工作成绩，认真踏实是每一个职场人必须具备的习惯，也是实现自己人生目标、实现事业成就的重要因素。

我们经常会发现，周围有很多人对待工作不愿意认真做事，而常常把自己的精力放在小聪明上，不是去培养自己的能力，耍小聪明的人对己对他都无益处。

在工作中是不可以有虚假行为的，工作的时间投入在哪里是可以从结果中看出来的。应该脚踏实地地去执行和行动，不要在工作中耍小聪明，否则只会害了自己。

认真地去做自己的工作，不要浪费工作时间，踏踏实实，兢兢业业。从最基础的工作做起，寻找自己的缺点，不断完善和提高自己。

每个人都有自己的梦想，这是值得赞扬的事情，但想一夜成名、一夜暴富，这种想法是绝对不可取的。工作中有很多人自命清高，看不起周围的一切，不愿意做基础的工作，他们永远不可能进步。直到有一天，别人已经遥遥领先取得了成就和收获，他们才会发现自己一无所有，才会明白不是上天没有给他们机会，而是因为他们自己的不努力，才与机会失之交臂。如果想要进步，想要发展，想要提高，就要学会降低自己的要求和欲望，踏踏实实地从最底层、最平凡的工作做起，这样才能做出自己的成绩，实现事业的成功。

不同员工对待工作的态度不同。对于同一件事，那些只是为了赚钱而工作的人，是在应付自己的工作，被动地去履行自己的工作职责。而对那些把工作作为自己的使命的人来讲，工作意味着自己的责任和梦想。所以，他们对待工作特别认真，结果也会非常优秀。

李强从乡下来到城里的一家工厂应聘工作，工厂的经理在面试时觉得他能力有限，并没有选择录取他。他感到很失落，孤身一人离开了工厂，但是他已经身无分文，天也马上就要黑了，他没有安身之地。于是，又硬着头皮回来，问工厂能不能给他随便找一个地方住一晚。

经理的助理随口说了一声工厂后面的仓库可以将就住人，于是，李强晚上就住在仓库里面休息。深夜的时候，突然天降暴雨，他爬起来一看，外面的空地上放着很多货物。他连想都没想，找到了仓库里面的帐篷，然后冲到雨里去盖这些货物。忙完这些他浑身都被淋透了。

第二天清晨，经理慌慌张张地带着人过来，看到货物都被盖得严严实实的，感到很吃惊。他问李强，你在面试的时候已经被淘汰了，根本都不是我们工厂的人，你怎么会想起在晚上冒着大雨帮我们盖上这些价值百万的货物呢？

李强诚恳地说："在我们乡下，晚上下雨的时候都会到外面看看有没有谁家的粮食没有盖好。虽然我不是工厂里的人，但我觉得是应该做的。"

经理随即决定当场录用他，因为他务实的态度，善良的内心。

那些对工作十分敬业的员工，他们十分喜欢自己所做的工作，把自己的工作视为自己人生的事业，当在工作中面对困难和挫折时，也会有强大的勇气和信心来面对，因为他们明白工作不仅仅是为了赚钱，更重要的是实现自己人生的价值。

如果一个员工能够把自己的工作当作自己的人生事业来做，他会离成功越来越近。可惜的是，在职场中大多数员工做不到这一点，他们总是认为自己的努力就是为了领导和公司干活，自己的付出只不过是为了得到一些工资来养家糊口。因此，他们在工作中总是抱着应付的态度敷衍了事。

职场上的每一个人都应该树立正确的态度，对自己的工作负责，任何时候都努力认真，对得起自己的良心。要多一点为公司着想，为集体着想。

志超是一家机械维修工厂的维修工，刚进入工厂的时候，他常常抱怨自己的工作，认为自己的工作又脏又累，觉得以自己的本领在这里工作实在是浪费。

　　每天的工作中，志超的大多数时间都用在抱怨工作，他总觉得这日子是在煎熬，自己的工作仅仅是在卖力气。所以他在工作中总是观察领导的一举一动，只要有机会，他便偷偷地休息，一直在应付自己的工作。几年后，他的同事都凭借着自己的努力和认真的态度取得了进步，有的已经被提拔为领导，有的也被工厂派出去进修，只有志超依然在抱怨中做着他自己不喜欢的维修工。

　　像志超这种鄙视自己工作的人，都是一些被动工作的员工，他们不是去努力改变自己来适应环境，而是总天真地以为自己是怀才不遇，总认为自己应该有更光明的前途。实际上，每一个员工都应该把自己作为企业的主人，每个员工的分工不同，职责不同，角色小同，但有着共同的目标和使命，所以都应该把自己各自的工作做好。

　　不管从事什么样的工作，如果你想要获得成功，请尊重自己，也尊重自己的工作。如果你在工作中以应付的工作态度来对待工作，那么你就是在应付自己，是在浪费自己的生命。

工作箴言

　　虽然我们大多数人都是在为别人打工，但这个过程，实际上为我们自己的未来拼搏、努力。你认真地对待工作，工作也会给你回报。今天的成绩是昨天的积累，而明天的成功则依赖于今天的努力。所以，我们应该学会把自己的工作和自己的事业联系起来。

勤奋踏实地做事

只有通过勤奋才能收获荣誉，勤奋是取得任何成功必须具备的条件，没有勤奋和努力，怎么可能做到别人做不到的事情，怎么达到别人达不到的高度，怎么取得别人接触不到的成功，唯有通过勤奋，才能超越别人，才能超越过去的自己，不断进步，取得成功，赢得荣誉。

那些投机取巧的人早晚会跌倒，整天不知努力的人也一定会为此付出代价。只有勤奋才是对工作负责，对自己负责，对人生负责，会给自己带来欢乐。

在现在的公司管理中，领导者总是将员工的勤奋作为考核的重要指标，因为员工勤奋对公司的发展有着重要影响。所有想要成功，想要取得成就的人，都必须勤奋工作。没有勤奋，就很难做出成绩，更不会取得事业的成功。在工作中，勤奋是一个人宝贵的资源，如果懂得工作勤奋，努力刻苦，你就会收获的越来越多，越来越成功。

在工作中，很多人想的很对，但是一做全错。只有那些在努力的过程中付出自己辛勤汗水的人，才能取得成就。一家公司的运转需要公司里所有员工的共同努力，齐心协力，勤奋刻苦，这样才能把公司发展好。而你的勤奋态度会为你的未来发展铺平道路。

那些辛勤工作的人将命运把握在自己手里，成功正是因为这些人的辛勤和智慧的结晶，如果你仅仅智商比别人高，而没有别人努力，你也不会比那些辛辛苦苦和勤劳工作的人更出色。

钢铁大王卡内基出生于英国苏格兰的一个贫困家庭。为了帮家里减轻负担，13岁的卡内基就到工厂工作。卡内基在一家纺织工厂做锅炉工，最开始的薪水是每周1.2美元，但是因为他特别勤奋刻苦，后来他的工资上升到每周2美元。卡内基认真的工作态度给老板留下了非常深刻的印象。他的工资在不断上涨，而这只是所有收获的一部分。后来，老板就让卡内基做仓库记账员。以前工厂都是采用复式记账法的，这种方法能更好地反映企业的经营情况。于是，卡内基就开始利用晚上时间学习这种记账法。在后来成名后，卡内基说通过对复式会计知识的学习，不仅使他对企业财务和经营有了更为清晰的了解，而且使自己懂得更多企业经营的知识。

对没有什么文化的卡内基来说，能成为记账员已经是很了不起的了。但在接下来的时间里，卡内基又获得一次机会。姨夫告诉他匹兹堡的大卫·布鲁克斯先生的电报公司需要一位送电报的信差，于是决定前去应试。当时，卡内基年仅14岁，长得很矮小，但他决定独自前往，这种精神给大卫先生留下了很深的印象。尽管卡内基对匹兹堡的地理一点也不熟悉，但卡内基十分自信地对大卫先生说："虽然我现在对匹兹堡的地理还不熟，但是我保证在最短的时间内熟悉这里的街道。虽然我现在的身材比较小，但是我很勤奋，跑得比别人快。所以请您放心，我一定能做好这个工作。"布鲁克斯决定先录用他看看情况，每周付给他 2.5 美元。卡内基在工作中非常勤奋，只用了一个星期的时间，就熟悉了这里的所有街道，为自己的工作提供了很大的便利。没过多久，他又对更远处的地区了如指掌。公司里的老板和同事都很欣赏他，认为他是一个非常勤快的员工。卡内基用自己的努力和勤奋证明了自己。

在上班的时候，卡内基每天都会早早地到达公司，打扫办公室的卫生，然后再去操作业务，在工作中表现了极强的上进心。他不觉得工作十分辛苦，而是利用每次机会都去提高自己，学习一些专业知识。到了年底的时候，经理觉得他的工作很不错，又是一个很勤快的人，决定给他提高工资。

除了在工作中勤快，他还经常利用自己下班时间去读书，在图书馆里读了很多文学、历史类的书籍，弥补了自己文化的缺陷。虽然他没有受到太多的教育，但是也通过自学提高了自己的文化水平。他甚至一度迷上了非常专业的书籍，使他对钢铁业有了深入了解，这些知识以后帮助他成为"钢铁大王"。

在事业的道路上，卡内基依靠自己的勤奋，提升了自己的能力，在事业上越来越成功，最终成为一代伟大的商人。

观察历史我们可以发现，每一位成功的人，都是勤奋的。在工作中，只想走捷径是永远不会有成功的机会的，如果懒惰更是不可能取得任何成就。勤奋是敬业的工作表现，是对自己的事业负责。它会帮助人在事业上不断进步，让老板看到自己的工作态度，为自己赢得机会。如果有升职的机会，自然会轮到你。因为有刻苦勤奋的工作为自己争取到机会。懒惰是在工作中绝对需要避免的，懒惰让成功远离你，会失去加薪的机会，失去升职的机会，会让自己越来越失败。想要成功，必须勤奋，不断奋斗，刻苦努力。身为职场新人，你要记住，勤奋可以帮助你更快地进入工作状态。哪怕你没有过高的天分，只要你学会勤奋，就能够弥补自己的不足，走向成功。想要与众不同，就不要过于关心自己的得失，要有风险和牺牲精神，让老板和同事看到你的态度，用行动证明自己。

李琳毕业于一所商学院市场营销专业，她应聘到北京一家化工公司。她告诉自己：刚进入工作岗位的时候，自己想要实现自己的志向，取得成就。可到了工作岗位，只是做些打字之类的小事，和当初自己的梦想相差甚远，她心里感到很不平衡。但是，后来一件事改变了她的想法。

在一次由公司承办的全国性会议上，李琳负责接待事务。在接待贵宾、安排房间、安排就餐、组织会议、做会议记录与复印这些工作时，她被搞得焦头烂额，觉得自己是那么弱小。从此，她决定踏踏实实把自己的基础工作做好。

后来，公司对几个主要倾销商提起反倾销申诉时，李琳专职负责这个项目，协调公司各个部门，联络国家各级主管部门，而且还与律师事务所及时沟通，准备的资料量大得惊人。事后李琳说："虽然做这个工作时感到身心疲惫，但是锻炼了自己的能力，积累了经验，以后做工作会更有把握。"

坚持踏踏实实的工作是对勤奋最好的诠释。要想成为一名优秀的员工，就要坚持、努力、勤奋、刻苦。可能自己前 100 次的努力都没有取得想要的结果，也许第 101 次的时候就会获得意外的成功。这第 101 次就是前面所有辛勤和努力的积累。

＝ 工 作 箴 言 ＞

　　没有辛苦的付出，就不会有令人羡慕的收获。人不要抱怨环境，不要埋怨他人，其实自己的人生完全由自己书写。不管你从事什么样的工作，都有机会创造属于自己的辉煌。没有努力，就不会有成功，成功只青睐于那些有梦想，愿意付出，肯努力的人。

勤奋是成功的开始

要想在人才济济的时代脱颖而出，你就必须拥有积极进取、奋发向上的决心，付出更多的努力，否则你只能由平凡转为平庸，最后变成一个碌碌无为的人。

勤奋刻苦是敬业的最好表现。要做一个好的员工，你就要像那些石匠一样，一次次挥舞铁锤，也许100次的努力和辛勤的捶打都不会有什么明显的结果，但最后的一击，石头终会裂开。成功，正是你前面不停地刻苦努力的结果。

一个人的进步与成才，外部因素固然重要，但更重要的是自身的勤奋与努力。勤奋工作能激活人内在的激情，使人增长才干、热爱生活。

在一般人眼中，汉夫雷·戴维肯定算不上是命运的宠儿。由于出身贫寒，他接受教育获得知识的机会很有限。然而，他是一个有着真正勤奋刻苦精神的人。当他在药店工作时，他能把旧的平底锅、烧水壶和各种各样的瓶子都用来做试验，锲而不舍地追求着科学和真理。后来，他终于以电化学创始人的身份出任英国皇家学会的会长。

为了取得更好、更大的工作成就，你必须不断地奋斗。勤奋刻苦的精神是走向成功的坚实的基础，它更像一个助推器，把你推向成功。

勤奋工作就是成功的点金术。偷懒和做事磨蹭都能阻碍一个人的成功，因为这会分散一个人的精力、磨灭一个人的雄心，使我们只能被动地接受命运的安排，而不是主动地去主宰自己的生活。

在工作中提升自己，要把握一个"勤"字。中国有句古话：天道酬勤。西方也有类似的谚语：勤奋是成功降临到每个人身上的信使。勤奋具有点石成金的魔力。那些出类拔萃的人物、那些将勤奋奉为金科玉律的人们，将使人类因他们的工作而受益。

应该说，勤奋不是人类与生俱来的天性；相反，惰性倒是人类潜意识中共有的。惰性往往隐藏在人的内心深处，一帆风顺的时候你也许看不到它，而当你碰到困难，身体疲惫，精神萎靡不振时，它就会像恶魔一样吞噬你的耐力，阻碍你走向成功。

当你身心疲惫时，你会觉得连动一个小指头都很吃力，可是靠着坚强的耐心，活动的速度也会加快，最终能够完全按照自己的意志自由活动了，这就是克服惰性的耐力带给你的成功！

没有人能打败自己，除了你自己。有人说，能战胜别人的人是英雄，能战胜自己的人是圣人，看来是英雄好当圣人难做。有好多人对自己的惰性无可奈何，最终一事无成。

所以，我们应该严格要求自己，不要放任自己无所事事地打发时光，不要让惰性爬出来咬噬我们的斗志。我们要学会调节自己的情绪：不管是处于一种什么样的心境，都要迫使自己去努力工作。

"勤能补拙"是一句老话，可惜能承认自己有些"拙"的人不会太多，能在进入社会之初即体会到自己"拙"的人更少。大部分人都认为自己不是天才至少也是个干将，也都相信自己接受社会几年的磨炼后，便可一飞冲天。但能在短短几年即一飞冲天的人能有几个呢？有的飞不起来，有的刚展翅就摔了下来，能真正飞起来的实在是少数中的少数。为什么呢？大多是因为社会磨炼不够，能力不足。

所谓的"能力"包括了专业的知识、长远的规划以及处理问题的能力，这并不是三两天就可培养起来的，但只要"勤"，就能有效地提升你的能力。

"勤"就是勤学，在自己工作岗位上，一个机会也不放弃地学习，不但需要自己去钻研，也需要向有经验的人请教。科学合理地安排好自己的作息时间，按计划行事，将自己的时间充分地利用起来，勤而不舍。如果你本身能力已在一般人水准之上，学习能力又很强，那么你的"勤"将使你很快地在团体中发出亮光，为人所注意。

另外一种"能力不足"的人是真的能力不足，也就是说，先天资质不如他人，学习能力也比别人差，这种人要和别人一较长短是很辛苦的。这种人首先应在平时的自我反省中认清自己的能力，不要自我膨胀，迷失了自己。如果认识到自己能力上的不足，那么为了生存与发展，也只有"勤"

能补救，若还每天痴心妄想，不要说一飞冲天，可能连个饭碗都保不住！

对能力真的不足的人来说，"勤"便是付出比别人多好几倍的时间和精力来学习，不怕苦不怕难地学，兢兢业业地学，也只有这样，才能成为龟兔赛跑中的胜利者。

"勤"并不只是为了补拙，还能够为自己带来很多好处。

塑造敬业的形象。当其他人浑水摸鱼时，你的敬业精神会成为旁人的焦点，认为你是值得敬佩的。

容易获得老板的信任。当老板的喜欢用勤奋的人，因为这样他比较放心。如果你的能力是真不足，但因为勤，老板还是会给予合适的机会。

香港彭年酒店的创办者余彭年，是一个身家数十亿港元的大富豪。他祖籍湖南，自幼家贫，于20世纪40年代初来到香港讨生活。战乱时期，他初来乍到，人生地不熟，加上他根本就不懂英文，又听不懂粤语，找工作非常困难。几经波折，他才在一家公司找到一份勤杂工的工作。扫地、洗厕所之类的活儿又累又脏暂且不说，薪水还很低。

不过，余彭年却干得兢兢业业。勤杂工们本来是双休，但余彭年发现周六周日常有人来公司加班，没有人打扫卫生的话会让公司形象不佳。于是，在双休日，他也主动加班，一个人去公司打扫卫生。

勤杂工的薪水很低，又没有加班费，其他的勤杂工说他傻，好心劝他："你就是干活干得累死，老板也不会多给你一分钱，何必呢？"余彭年听了只是笑笑，不说什么，仍然将这份额外的工作做得一丝不苟。

就这样一直干了半年，直到有一个星期天，公司的老板发现了这个自动加班的勤杂工，感到非常惊讶。当老板了解到余彭年每个周末都如此时，更是大吃一惊。第二天，老板就找他谈话，随后提升他为办公室的一名员工。而余彭年也没有辜负老板，他加倍努力地工作，并在工作中提升自己的能力。老板很欣赏勤奋的余彭年，就不断地提升他，最后将他升到了公司总经理的职位上。

几年之后，余彭年向老板提出辞职，说自己想出去做生意。老板欣然同意，并投资入股了他的公司。从此，余彭年开始逐步实现自己的梦想，在地产界、酒店界闯出了一片新天地。最终，这位从勤杂工干起的穷小子，创办了香港著名的彭年酒店，身价高达数十亿港元。

不要只看到了别人的成功，更要看到别人为什么成功。有一句话说得很好："伟人们之所以到达并保持着高处，并不是一飞就到，而是他们在同伴们都睡着的时候，在夜里辛苦地往上攀爬。"余彭年的成功可以说是一种最高的回报，但是他的这种回报是建立在他超于他人的勤奋的基础之上。

工作箴言

一个人在工作上的惰性，最初的症状之一就是他的理想与抱负在不知不觉中日渐褪色与萎缩。对于每一个渴望成功的人来说，要养成时刻检视自己的抱负的习惯，并永远保持高昂的斗志。要想收获更多，只有勤劳地付出更多。

第九章 不断学习，提高竞争力

　　勤奋可以创造佳绩，生活中如此，工作中更是如此。天下没有免费的午餐，我们若想在工作中有所突破，就必须踏踏实实做好自己的本职工作，努力为企业分忧解难。当我们凭借努力成为企业最需要的人时，那前方等待我们的自然是丰厚的薪水，耀眼的前程。

不断提升自己，学习力就是竞争力

在工作中善于学习的员工能够更好地了解自己，了解工作，了解未来，能够更好地把握自己的命运。善于学习可以使我们更好地提高自己，完善自己，在竞争中处于不败之地，比别人做得更好。这样不仅能取得事业上的进步，更能够提升自己的境界，给人生带来不一样的变化。

学习的含义非常广，包括知识、信息、技能、价值观、领导能力、管理能力、人际交往能力等。每个人都有自己的特点，员工最应该了解自己，学习自己需要的技能，弥补自己在职场上的不足，寻找自己的优点，挖掘自己的潜能，这样能够更清楚地了解自己。主动学习，主动改变我们的生活，改变我们的工作，会对未来不再恐惧，不再迷茫，在生活中过得更有乐趣，工作也做得更加出色。

在工作中善于学习，我们会更快得进步。学习意味着发现、思考、提高、完善。学习不断地给我们带来自信，带来欢乐和幸福。

学习的重要意义在于改变旧习惯，提高精神境界；改变坏习惯，培养新的适应工作和时代的习惯。树立新的适应潮流的思想。所以，在学习中我们要不断地放弃自己以前的思考方式，用新的眼光来看待问题。要做到这些，就必须敢于改变。我们以前不好的特点和性格，可能妨碍着我们的进步，妨碍我们实现目标和梦想，我们必须改变，必须培养新的习惯和思维。要敢于去改变，敢于去克服障碍。

要学习那些比我们优秀的人，学习他们成功的经验和失败的教训。尤其是那些成功者，他们的经历对我们有很大的启发，我们要和他们多接触，多交流，从他们身上学习一些我们不具备的素质。通过这个过程，你一定能够提高自己，改变自己。对待成功者不要盲目崇拜，要研究他们失败的地方，研究他们是因什么而失败的，不要模仿成功，但要避免失败，这种学习更有益处。条件在不断地变化，成功也不可复制，学习重点在于学习精神和内涵，而不在于学习别人的经历。在成长的路上一定要多接触那些我们想要成为的人，请教他们的意见，从他们的角度给我们提供一些我们看不到的东西。

更值得注意的事是要想办法为自己创造一个良好的学习环境，主动地营造学习的平台和机会，可以组织一些志同道合的人共同来研究一些感兴趣的话题，在交流中，互相促进，共同进步；也可以在旅行中提升自己，去不同的地方接触到不同的人，经历不同的事，获得不同的感悟。可以到书店、图书馆，这些学术氛围比较好的地方学习自己需要的知识。在这种氛围下你会接触到不同的思想，学到不同的知识，获得不同的感悟，一定会提升自己的水平。要注意，保持学习的持久性，不要三天打鱼两天晒网。

在学习知识的时候，我们必须要先了解自己，要清楚自己的目标在哪里？自己的劣势在哪里？不足在哪里？我们如何才能够弥补自己的这些不足，完善自己？当你考虑清楚这些问题的时候，你对学习才会更有方向，千万不要忽略目标。当你有着清晰的目标时再去投入自己的时间精力。对自己没有意义的知识，我们要尽可能地将有限的资源投入到最需要的地方。每天都要有一定的时间全部投入在学习上，不要受外界干扰，长久下去，一定会变得与众不同。

当我们在进步的时候不要忘记了我们为什么而出发，要仔细观察自己需要提高的地方，需要完善的地方，对未来要有勇气和信心，不要分散自己的注意力，更不要逃避退缩，这些会妨碍我们的进步。不要躲避自己存在的问题和缺点，每个人都有不足，不要把问题推到明天，今天能解决就今天解决。

要扩大自己的学习范围，广泛了解各种各样的知识，既有专业知识，又有人文科学。最重要的是那些对自己的工作相关的专业技能，我们必须学会熟练运用各种工作技能。这些学习将直接关乎我们的工作能力，这些知识能让我们更好地做好自己的工作。人文知识的学习，能够不断地完善我们的思想，提高我们的修养和素质。遇到那些我们值得学习的人要谦虚地向别人请教，这样才能更好地进步。

想要在事业上取得成功，要学习扮演领导者的角色。在领导的位置上，价值观、使命感、人格品行，这些素质是非常重要的，不仅对自己有影响，而且影响到手下的员工和整个团队。一个优秀的领导可以给整个团队带来积极影响。领导是一门艺术，要学习掌握这门艺术。

在工作中，你可能会发现很多项目对你的进步有着重要的意义，这时候不要犹豫，要果断参与。行动永远比想法更重要。通过实践活动可以实现自己的提升。在成长的道路上遇到志同道合的人，要互相交流，互相督促，共同进步。如果发现有自己感兴趣的团体要积极地参与进去，从中学到自己需要的东西，广泛交朋友，扩大自己的人脉关系，更容易进步。

在学习中容易犯这样一个错误，那就是过度地关注自己的专业领域，对其他领域的知识不管不顾，这种学习是狭隘的，有很大的局限性。虽然扩大领域地来学习需要花费更多的时间和精力，但是知识之间是互相联系的，不应该分开来只专注于其中一点。其他方面的知识，也会促进你的进步，所以一定要扩大自己的学习范围，不要以狭隘的眼光来学习。

在学习的时候应该追求多领域全方位的学习，学习不同的知识会对我们有不同的帮助。最好的做法就是平衡它们之间的关系，而不是以极端的做法只学习某一方面。

工作箴言

千万不要放弃学习。不要逃避自己面对的问题，也不要为自己的缺点感到心烦，要尽自己的努力去寻找答案，去改变现状。其实在没有找到答案的时候，你要学会正确地面对，这样才能够更好地面对未来。培养自己成为一个善于学习的人，你会发现周围的世界会变得大不一样。

永不满足，积极挑战

在职场生涯中，勤奋努力的人是我们学习的榜样，因为只有那些勤勤恳恳工作的人，认认真真对待自己工作的人，才能最大限度地发挥自己的才能和潜力，在工作中创造出骄人的佳绩。

勤奋是永不过时的职业精神，勤奋工作是创造辉煌成就的前提，勤奋工作能激发人内在的工作激情。无论何时何地，勤奋永远是受人尊崇的职业品质。

人们常常惊异于文艺家创造性的才能，其实，影响他们成才的条件之一就是勤奋。一个人唯有勤奋，才能把工作做好，才能获得成功，而懒惰者无疑会被淘汰。

人都是有惰性的，这是无法否认的事实。但面对懒惰，我们要有意识地去规避，主观上去克服懒惰，避免拖延，只有这样，我们才能激发自己工作的积极性。在这个竞争如此激烈的社会，想要取得职业生涯上的成功，我们只有依靠勤奋。

只有勤奋努力，只有满怀热情，只有兢兢业业，我们才能把自己的事业带入成功的轨道。而这是职场上永远适用的真理，也是永不过时的职业精神。

有人说，勤奋是一个人走向成功的不二法门。这话确实说的没错，勤奋作为一种精神和品质，永不过时。

常言道："一分耕耘，一分收获。"不劳而获的事情从来就是不存在的，一个人只有辛勤的劳动，才能收获丰硕的成果。勤奋是实现理想的奠基石，是人生航道上的灯塔，是通向成功彼岸的桥梁。勤奋的人珍惜时间，爱惜光阴，勤奋的人脚踏实地，勤奋的人坚持不懈，勤奋的人勇于创新。

勤奋是一种工作态度，也是一种高贵的品质。勤奋是对自己工作的负责的表现，同时也是对自己人生负责任的表现。要想在竞争激烈的职场上取得成功，我们只有凭借超乎常人的勤奋，促使自己不断地进取，不断地奋发向上。

无论处于什么时代，从事什么行业，我们对待工作都需要勤奋努力。尤其是在那些先进的、高尖的技术行业里，更是需要这种勤奋努力、拼搏进取的精神。

在我们的身边，对待工作不够勤奋的人往往有两种表现，第一种是得过且过，工作总是敷衍了事；第二种则是表面上看起来忙忙碌碌，但实际上却不是在用心工作，只不过是在老板面前装装样子罢了。其实，不管是哪一种，都不是我们应该效仿的对象。

那真正正确的做法究竟是什么呢？很简单，那就是树立起"工作是为了自己，不是为了老板"的工作理念，不管我们从事何种工作，我们都应该严格要求自己，勤勤恳恳地付出，脚踏实地地工作，长此以往，我们定能得到幸运之神的眷顾。

我们的勤奋工作不仅能给公司带来业绩的提升和利润的增长，同时也能给自己带来宝贵的知识、丰富的经验和成长发展的机会。而这无疑是一种双赢，老板获利，我们也收益，老板开心，我们也快乐，何乐而不为呢？

一个人只有勤奋地工作，主动地多做一些，最终才能有所收获。那些成功的人之所以能够成功，就在于他们比失败者勤奋。

要想在这个人才辈出的时代走出一条完美的职业轨迹，唯有依靠勤奋的美德——认真对待自己的工作，在工作中不断进取。勤奋是保持高效率的前提，只有勤勤恳恳、扎扎实实地工作，才能把自己的才能和潜力全部发挥出来，才能在短时间内创造出更多的价值。缺乏事业至上、勤奋努力的精神就只有观望他人在事业上不断取得成就，而自己却在懒惰中消耗生命，甚至因为工作效率低下失去谋生之本。

一个优秀的员工在工作中勤奋追求理想的职业生涯非常重要。享受生活固然没错，但怎样成为老板眼中有价值的员工，这才是最应该考虑的。一位有头脑的、聪明的员工绝不会错过任何一个可以让他们的能力得以提升，让他们的才华得以施展的工作。尽管有时这些工作可能薪水低微，可能繁复而艰巨，但它对员工意志的磨炼，对员工坚韧的性格的培养，都是员工受益一生的宝贵财富。所以，正确的认识你的工作，勤勤恳恳的努力去做，才是对自己负责的表现。

要想在这个时代脱颖而出，你就必须付出比以往任何人更多的勤奋和努力，具有一颗积极进取、奋发向上的心，否则你只能由平凡变为平庸，最后成为一个毫无价值的没有出路的人。无论你现在所从事的是什么样的一种工作，只要你勤勤恳恳的努力工作，你总会成功的，并且让老板认可。

只有那些勤奋努力，做事敏捷，反应迅速的员工，只有充满热忱，富有思想的员工，才能把自己的事业带入成功的轨道。

工 作 箴 言

勤奋可以创造佳绩，生活中如此，工作中更是如此。天下没有免费的午餐，我们若想在工作中有所突破，就必须踏踏实实做好自己的本职工作，努力为老板分忧解难。当我们凭借努力成为老板的左膀右臂时，那前方等待我们的自然是耀眼的前程。

坚持多做一点，离完美更近一步

工作中有这么一种人，现在可以做的事情放着不做，以为以后有的是时间去做，而且还给自己找了一大堆理由让自己心安理得。其实，这种人有时候也能感觉到自己是在拖延，但却不去改变，也从不想去改变，他们每天都生活在等待和逃避之中，空有羞愧和内疚之心却不去行动，毫无疑问，这样的人，最终将会一事无成。

其实，当我们有新的工作任务时，就应该立即行动，只有这样，我们每天才能比别人多做一点，最终比别人收获更多。我们要彻底放弃"再等一会儿"或者"明天再开始"的想法，遇到事情马上列出自己的行动计划，毫不犹豫立马去做！从现在就开始，着手去做自己一直在拖延的工作。当我们真正去开始做一件事情的时候就会发现，之前的拖延理由简直毫无必要，干着干着，我们就会喜欢上这项工作，而且还会为自己之前的拖延感到后悔。

在工作中，很多人觉得应该等到所有的条件都具备了之后再行动。可事实上，良好的条件是等不来的。等我们万事俱备的时候，别人或许早已领先我们一步，抵达成功的彼岸。所以，我们完全没必要等外部条件都完善了再开始工作，在现有的条件下，只要我们肯做，肯好好努力，同样可以把事情做好。而且，一旦行动起来，我们还可以创造许多有利的条件。哪怕只做了一点点，这一点点也能带动我们将事情做好。

有时候遇到事情要立马采取行动是很难的，尤其是面对令自己不愉快的工作或很复杂的工作时，我们常常不知道该从何下手。但是，不知道从何处下手并不能成为选择拖延和逃避的理由。如果工作的确很复杂，那我们可以先把工作分成几个小阶段，分别列在纸上，然后把每一阶段再细分为几个步骤，化整为零，一步一步来做，并保证每一步都可在短时间之内完成。如此一来，多大的任务也能迎刃而解。

常言道，唯有付出才能得到。一个人要得到多少，就必须先付出多少。付出时越是慷慨，得到的回报就越丰厚；付出时越吝啬、越小气，得到的就越微薄。

在工作中，对于分外的事情，我们确实可以选择不做，没有人会因此怪罪于我们。但是如果我们做了，那显然就多了一个机会。要知道，天道酬勤，我们多付出的时间和精力并没有白白浪费，终有一天，命运会给予我们更为丰厚的回报。

我们只有多做一点，才能最大限度地展现自己的工作态度，最大限度地发挥出个人的天赋和才华，才能向大家证明自己比别人强。当我们将多做一些变成一种良好的习惯，并将其充分地贯彻在我们的工作中时，那么我们离成功就会越来越近。

要知道，如果一个人能够勤奋努力，每天都比别人多做一点，尽心尽力去工作，处处为别人着想，那么这样的人必然能够做好一件事，久而久之，成功也会向他招手。

所以，如果我们想成功，那就多做一些吧。只有比别人多做一点，多想一些，并且一直坚持，我们才能创造不凡的业绩。只要我们坚持每天多做一点，就能从平凡走向卓越。

乔治是美国著名的出版家。他少年时，家境贫困，生活十分艰难。12岁那年，乔治经人介绍，在费城一家书店找了一份店员的工作。对于少年乔治来说，这份工作很重要，能够改善一家人的生活。所以，从上班第一天起，他就十分勤奋，自己的工作做完了，还要帮助老板处理其他事情。

有一天，老板对他说："没事你就可以早点回家。"

但是乔治却说："我想做一个有用的人，现在我手头上也没事做，就再让我做其他的事吧，我希望证明我自己。"

老板听了乔治的话，越来越赏识眼前这个小伙子了。

后来，由于工作勤奋，乔治很快就成为这家书店的经理。再后来，他又成为美国出版界的大佬。

无论做什么工作，我们都需要努力奋进，多思考、多学习、多努力、多干一些事情。要知道，比别人多干一些活儿，非但不会吃亏，反而能带我们走向成功。

所以，坚持每天多做一点吧，这样不仅能展示我们的实力和才华，还能让我们获得更多宝贵的财富。相信拥有这样的心态后，我们的工作一定会顺风又顺水，我们的前程一定会越来越光明。

一个成功的推销员曾用一句话总结他的经验："你要想比别人优秀，就必须坚持每天比别人多访问五个客户。"比别人多做一点，这种积极主动的行为，常常可以给一个人带来更多机会，也能使人从竞争中脱颖而出。

对一个人来说，做事是否积极主动，常常是于细微处见真情。在职场中，只要我们具备一种积极主动做事的心态，每天多努力一点、多付出一点，我们就能在工作中争取到更多的机会。不要怕多做事，你做的事情越多，你在企业中就越重要，你的地位就会越来越高。

俗话说"能者多劳"。一个人做的多少，从另一方面来说，真的可以体现出能力的高低。当今社会不断发展，作为企业的员工，你的工作范围也应不断地扩大。不要逃避责任，少说或不说"这不是我应该做的事"，因为，如果你为企业多出一分力，那么你就多了一个发展的空间。如果你想取得一定的成绩，办法只有一个，那就是比别人做得更多。

◤ 工 作 箴 言 ◢

在工作中比别人多做一点，不仅是一种智慧，还是走向成功的一条准则，更是一种不怕吃亏的勇气。只要我们在平凡的岗位上，坚持"每天多做一点"，那终有一天会实现自己的人生价值，获得成功。

勇于尝试，从此不平凡

有人说工作的实质就是解决问题，没有问题的工作是不对劲的，有问题出现，工作才能正常运转。确实是这样的，无论是什么工作都不是一帆风顺的，而解决问题的秘诀就是，面对问题时主动迎击，敢于挑战，只有这样，我们才会在工作中开辟出一个全新世界。假如胆怯，故意躲避，我们就很难取得成功。

在这个世界上，只有解决不了问题的人，没有解决不了的问题。优秀员工善于发现问题，解决问题，对他们来说，找到并掌握解决问题的方法永远比逃避问题更重要。而成功永远偏爱善于解决问题的人。

工作中，我们要以积极的心态看待问题，化被动为主动，不急不躁，解决了问题，就等于收获了无限成功。对工作中出现的问题，要敢于挑战，敢于拼搏，就像向对手出招一样，不要胆怯，要勇敢地伸出你的拳头，尽心尽力，时间久了，你会惊讶自己的力量是这样大。

　　李梅是个乐观积极、敢于尝试的人。她经过自己的努力，终于在一家五星级酒店找到了一个前台的工作。虽然是一份不起眼的工作，但是李梅在工作中却总能面对问题主动出击，敢于挑战，将问题解决得很彻底。她年纪虽小，却在酒店中颇有威信。同事们工作上有什么问题都会来请她帮忙，她总能想出最好的办法把问题处理得很好。

　　李梅工作的单位就餐时可以在酒店吃，谁想吃多少就吃多少。但是这样一来出现了一个十分棘手的问题：有些员工打的饭菜吃不完，就往垃圾桶里倒，而有的员工来得晚吃不饱，甚至没得吃。于是，经理下令在员工就餐的地方贴上了"乱倒饭菜，罚50元"的标语。刚开始还行，没过几天就不管用了。

　　李梅看到这种情况，找到经理说了自己的建议，把"乱倒饭菜，罚50元"换成了"好员工珍惜粮食，优秀员工团结友爱"的标语。自从李梅的标语贴出来后，再也没有发生过以前混乱的现象。

　　有一次，李梅值夜班，接到一个电话，说某房间的宾客是自己的父亲，今天是父亲的生日，她希望李梅能代她祝福父亲生日快乐。当时已是晚上十点多了，要做什么都来不及了，而且她一个女孩子，假如客人已经休息，也会十分尴尬。

　　李梅忽然有了办法，找来同事，得知客人还没有休息，而且打听出客人有吃夜宵的习惯，她赶忙找到经理，说明缘由，并商量了相关事宜。回到前台，她拨通了客人房间的电话，说在本月宾馆举办的住宿有奖活动中，他幸运中奖了，请他到一楼就餐室享用夜宵。客人听后非常高兴，答应几分钟后就去吃夜宵。

当这位客人走进餐厅时，现场突然响起了生日祝福歌，在一张铺着大红桌布的餐桌旁，李梅和她的同事穿着干净整洁的员工制服，拍着双手，满面笑容地唱着生日祝福歌。客人一下子愣住了。李梅走上前去，朝他鞠了一躬："祝您生日快乐！"客人激动得连声说："谢谢！我很幸运。"

这位客人次日退房离开了宾馆。很快，这件事一转眼就过去了。一个月后，那位客人再次来到宾馆指名要见李梅，并让李梅帮他安排下个月的一个商务会议，还要预订 28 间高级客房，时间为一周。这时的李梅已是前台领班，对她的安排，客人非常满意，并且深深感谢李梅为他安排的生日有奖夜宵，他说还要与宾馆签订长期商务会议合作事宜，以后他公司的商务会议就定在这家宾馆了。

李梅所在的宾馆生意越来越好，这位客人把自己在这家宾馆遇到的事情向自己的朋友说了，还介绍很多人帮这家宾馆揽生意。李梅很高兴，没想到自己分内的工作却给自己带来了非常大的业绩。

很多优秀的职员背后都付出了巨大的努力。他们都有良好的品质和工作习惯。面对问题敢于出击，敢于超越。

人生就是一个积累的过程。人生的不平凡也是在工作的平凡小事中积累出来的。只有对自己的工作认真负责，才能把工作做好。我们要做工作的主人，兢兢业业，认认真真，面对问题敢于现身，在解决问题的过程中努力尝试，而不是故意逃避。

工作箴言

　　工作努力的人，在工作中总是能够贡献更多的聪明才智，而工作不负责的人，他们只会躲藏起来。成功是不断努力积累的过程，那些看似功成名就的人，其实在成功之前，已经默默地奋斗了许多年了。假如想登上成功的山巅，你必须保持积极进取的心，即便面对困难，也不退缩。

成为不可替代的员工

现代市场竞争激烈，一个人只有坚持学习，不断进行知识的积累与更新，才能使自己适应急速变化的时代。职场上，竞争无处不在，如果你还在原来的地方踏步，而别人则是不停地向前奔跑，刚开始可能拉开的距离不大，但是时间一长，你就该追悔莫及了。如何掌控你的工作？只有不断给自己补充知识和能量，才能在职场永远常青。

不管是老板还是员工，无论你处于什么职位，在工作中只有不停地学习，你才能获得事业上的发展与成功。

知识是一个成功人士的最大资本，知识的占有量从某种程度上可以体现员工的才华和能力。而对知识的渴求和孜孜不倦地学习，则可以帮助你提高自己的竞争力，从而获得更加丰厚的报酬。在实际工作中，一个优秀的人是不会放过任何一次学习机会的，即使自己掏腰包接受再教育也在所不惜，因为他们知道"时刻充电"其实就是自我加薪。

比尔·盖茨曾经说过："一个人如果善于学习，他的前途会是光明的，而一个良好的团队，要求每一个组织成员都是那种迫切要求进步、努力学习新知识的人。"无疑，对个人而言，从薪水角度出发，不断给自己充电也是一项不断完善自身、逐渐提高个人收入的系统工程。

能够拿高薪的员工永远都是那些善于学习，拥有广博的知识，能够为企业带来利益的人。优秀的员工都很重视在工作中学习，而且他们也不会放过任何一个获得培训以提升自身能力的机会。

李嘉诚的一个学习秘诀，就是每天晚上睡觉前一定要看半个小时的新书，以了解最新的前沿思想和科学技术，据他自己称除了小说，历史、哲学、科技、经济等方面的书他都读，几十年下来他都一直保持着这个习惯。他曾经回忆说："年轻时我表面谦虚，其实内心非常骄傲，为什么？因为每当同事们去玩的时候，我去求学问，他们每天保持原状，而我的学问日渐增长，可以说这是我一生最重要的资本。"

可见，任何人都不可能在瞬息之间就取得巨大的成就，只有像李嘉诚这样持之以恒地去学习，每天都坚持学习一点新东西，每天进步一点点，养成这种勤于学习的良好习惯，这样才能够增长知识，从而提高自己的判断、分析等各方面的能力，为自己赢得高薪打下坚实的基础。

随时随地进行学习，经常为自己充电，是确保个人拿得高收入、赢得老板赏识的重要原因。一个人的知识储备越多、经验越丰富，其工作起来也就越会游刃有余。

作为一个职场人士，你必须自省，要看到自己在知识上的欠缺和不足，并积极行动起来，迎头赶上。一个人吸取知识的有效途径就是随时随地进行学习，用新知识、新观念来充实自己的头脑，要学会怎样把知识变成能力，用知识丰富想象，善于灵活运用所掌握的知识去参与竞争，提高自己的工作效率，从而使自己有更高的收入。

在当今这个注重效率的时代，时间就是金钱，效率就是生命。对于企业来说，效率如何决定着企业的兴衰成败，而对于个人来说，效率如何决定着个人能否成功。没有高效率的员工只能在工作上花费更多的成本。任何一位员工，要想成为优秀员工，就要提高工作效率。

要想提高工作效率，你可以从多个方面入手，但首先要提高自己的专业知识技能。掌握更多的专业知识和技能，能够让你的工作变得更加得心应手。这要通过学习和实践来实现。所以你要争取更多的培训机会，不断学习新知识，并通过工作来提高自己解决实际问题的能力。

学习专业知识，提高自身素质，是应对职场变化最有力的法宝。善于学习可以让你在各种变化中应付自如——无论是分配给你一个紧急任务，还是反复要求你在短时间内成为某个新项目的专家，都可以帮你顺利完成。

在企业中，尤其是在世界知名的企业中，几乎每一个员工都是经过精挑细选，战胜无数的竞争者才得到某一工作的机会。大家都站在同一高度，你要想使自己看得远，唯一途径就是垫高自己——也就是通过不断的学习来充实自己。只有这样，才能在情况发生变化的时候处变不惊，胜人一筹。

学习能增长我们的智慧，能更好地与职场飞速发展趋势相适应。但是，你有没有想过，你赖以生存的知识、技能会随着岁月的流逝而不断地折旧。在风云变幻的职场中，脚步迟缓的不愿继续汲取知识的人瞬间就会被甩到后面。对于知识的不断发展、更新，除非你与时俱进，不断地学习和提高自身的工作技能，否则就不能跟上职场的发展需要。

说到底，学习能力就是一种工作能力。一个不善于学习的人，一个不知道自己该学习什么的人，往往工作能力也很糟糕。在现在的职场上，不管你从事的是哪一种行业，没有知识总是愚蠢和可怕的，不继续深化知识和技能更是可悲。

任何一个成功者，都是通过学习才开始走向成功的。终生学习，才会终生进步。社会在不断地发展变化，学习就像逆水行舟，不进则退。人的知识不进步，就会后退，知识就像机器也会有折旧，特别是像电脑方面的知识，数年不进步，就会面临淘汰。一个人要成长得更快，就一定要喜欢学习，善于学习。

工作箴言

社会科技不断进步，如果你止步不前，不愿学习，你将一直做着那些最机械的、最单调、最简单的重复性工作，而那些技能性的、技术性较强的工作因为你的无法胜任而与你无缘，这同时也就意味着你的升迁、加薪是一个遥遥无期的梦。

《做一个自带光芒的洒脱女人》

书号：ISBN 978-7-5158-2181-8

定价：38.00 元

《做对三件事，人生不瞎忙》

书号：ISBN 978-7-5158-2130-6

定价：42.00 元